MAYA+
After Effects
影视包装
案例教程

丛红艳／主编　　艾莉莉 杜晓亮／编著

中国青年出版社
CHINA YOUTH PRESS

中青雄狮

图书在版编目（CIP）数据

Maya+After Effects影视包装案例教程 / 丛红艳主编；艾莉莉，杜晓亮编著. — 2版. — 北京：中国青年出版社，2013.6

ISBN 978-7-5153-1657-4

I.①M… II.①丛… ②艾… ③杜… III.①三维动画软件②图象处理软件 IV.①TP391.41

中国版本图书馆CIP数据核字(2013)第102038号

MAYA+After Effects影视包装案例教程

丛红艳　主编　　　艾莉莉　杜晓亮　编著

出版发行：　中国青年出版社

地　　址：　北京市东四十二条21号

邮政编码：　100708

电　　话：　(010) 59521188 / 59521189

传　　真：　(010) 59521111

企　　划：　中青雄狮数码传媒科技有限公司

责任编辑：　肖　辉　付　聪　邸秋罗　沈　莹

封面设计：　张宇海

印　　刷：　北京建宏印刷有限公司

开　　本：　787×1092　1/16

印　　张：　19.25

版　　次：　2013年7月北京第2版

印　　次：　2013年7月第1次印刷

书　　号：　ISBN 978-7-5153-1657-4

定　　价：　85.00元（附赠1DVD）

▶▶ 前 言

　　经过十余年的发展，电视包装在电视台、频道或栏目形象的建设中逐渐作为一个重要部分被人们所认知。近些年来，广受观众认可和喜爱的栏目或频道，大都有完善的包装作为坚实的后盾，这一点毋庸置疑。设计风格、徽标、色彩、节奏、音乐，这些要素对于频道或栏目的认知度、个性、好感度，以及存在感的强化都做出了重要的贡献。

　　从客户的角度看，"无数"具有竞争关系的电视台、频道、栏目，在播出着同质化的内容、占据着同质化的播出渠道，如同一场混战，更不要说即将到来的TV 2.0时代。激烈的竞争、广阔的市场环境为电视包装从业者提供了充分施展才华的舞台、充足的就业机会与丰厚的经济回报。但很多年轻人酷爱动画艺术、满怀热情，却对从事电视包装行业需要哪些方面的艺术素养和技术能力茫然不解。于是本书应运而生。

　　本书全面介绍了应用Maya和After Effects制作影视包装动画的技术、流程和使用技巧，共包含7个综合案例共计49段分镜头动画，分别为影视频道标识演绎、网络频道演绎、"电影同期声"频道品格演绎、频道特征演绎、频道个性化演绎、"限时抢购"栏目片头和地方电视台标识演绎。这些案例有易有难，各有侧重，内容包括创建模型、设置灯光和材质、设置关键帧动画、应用粒子效果、渲染等全部三维技术内容，以及几十种常用的影视后期特效和转场过渡动画。力求使读者在学习本书后能综合应用这两种软件，制作出完整、合格的动画效果。但需要注意的是，读者在学习时应该遵循从大到小、从整体到局部的原则，逐层深入。不要拘泥于细枝末节，如果照搬原作、死抠细节将不利于学习本书。

　　实例中主要使用的软件包括图像处理软件Photoshop，矢量绘图软件Illustrator，三维软件Maya，后期合成软件After Effects以及一些插件。由于本书的编写目的是让广大读者能够跟随本书的操作，做出完整的动画，因此并没有对软件的基础功能做过多讲解，对此有疑问的读者可以参考其他相关书籍。

　　同时，限于篇幅，很难对动画中全部镜头的所有细节进行非常细致的讲解，如果读者在阅读时感到有困难、或是发现有细节不清的地方，可以参考随书光盘中完整的工程文件目录，这里面包含了完整的三维场景、素材、贴图、动画序列和后期工程文件，希望能为大家的学习尽可能地提供一些帮助。

作　者

▶▶ 目　录

第 1 章　影视频道标识演绎

🎬 创意阐述

采用金属胶片配合红色背景，颜色干净、醒目，同时旋转的胶片轮突出了影视主题。

第 2 章　网络频道演绎

🎬 **创意阐述**

表现频道识别中的网络标志，以红色为主题色，"@"代表这是观众首选的网络频道，鼠标配上网络符号"@"奏出旋律，如同漫天飞舞的星空，象征频道不断释放着网络生活的韵律。

第 3 章 "电影同期声"频道品格演绎

创意阐述

采用中国古典水墨画效果展现画面，并运用高纯度的颜色来点缀画面，使品格演绎更有中国韵味。

第 4 章 频道特征演绎

创意阐述

在极富形式感的频道识别变化中，频道识别分裂突显特征化的动画，传递频道多元化宗旨。

第 5 章　频道个性化演绎

创意阐述

主要是通过中国神化中嫦娥奔月的故事情节为出发点。

第 6 章　"限时抢购"栏目片头

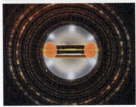

创意阐述

本例要表现限时购物的综合特征中，快速转动的时钟代表时间的紧迫；配合上闪烁耀眼舞台氛围，让人产生强烈的抢购冲动。不断的释放着现代的生活激情。

第 7 章　地方电视台标识演绎

创意阐述

在极富形式感的频道识别变化中，频道识别分裂，突显频道特征化的动画，传递频道多元化的宗旨。

附录一　Maya 常用快捷键一览表

附录二　After Effects 常用快捷键一览表

影视频道标识演绎

创意阐述

本章主要讲解如何表现影视频道标识，金属胶片配合红色的背景，颜色干净、醒目，同时，旋转的胶片轮突出了影视主题。

镜头阐述

第一个镜头胶片轮从外飞到里面；第二个镜头转切胶片轮斜向飞进；同时，第三个镜头LOGO分成两个从外飞进，英文以墨迹的形式横向淡入，白光闪过镜头转切胶片翻转飞进镜头，LOGO也随后跟进飞入；第五、六镜头两道白色光条缓缓转动上升，文字飞入，背景出现红色胶片轮在转动，LOGO与文字（影视频道）落在胶片前面，白色光条旋转。

技术要点

本章主要运用反光板配合材质制作LOGO反射效果，利用Maya摄影机制作动画，摄影机动画为本章难点。

🎥 创意分镜头

【1.1 第一镜头制作】

频道 ID（Channel ID）是指频道识别标识，人们通过这个标识来记住这个频道，任何频道都有自己的标识，所以我们这里先做出频道的ID标模型。

1.1.1 制作模型

首先，明确频道的主题。由于我们要制作的是影视频道ID，因此可以采用与电影放映相关的元素作为ID标中的元素。这里，我们选择用影片放映机上的输片齿轮来做为主要元素。制作好的输片齿轮模型如右图所示。

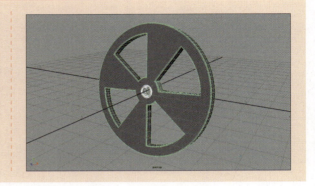

01 首先打开Maya软件，在"Surfaces"模式下创建频道ID的曲线，切换到"Front（前）视图"，执行"Create（创建）>NURBS Primitives（NURBS基本几何体）>Circle（圆形）"命令，或单击 ⬡ 图标，如图1-1所示。

02 在"Front（前）"视图里按住[Shift]键绘制一个圆形。然后，执行"Create（创建）>CV Curve Tool（CV曲线工具）"命令，绘制出曲线如图1-2所示。

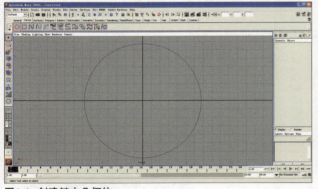

图1-1 创建基本几何体

图1-2 创建CV曲线

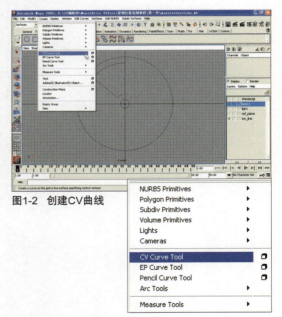

03 在"Front（前）"视图里按住[Shift]键再画一个等比例的小圆圈，最终曲线效果如图1-3所示。然后，按住[Shift]键逐一选取曲线，单击"Surfaces（曲面）>Bevel Plus（倒角插件）"命令后的 图标。

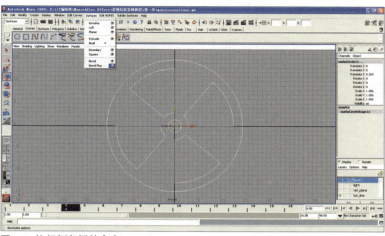

图1-3　执行倒角插件命令

04 单击 ⬚ 图标后，弹出命令参数调节对话框。具体参数设置如图1-4所示，然后单击"Bevel"按钮。

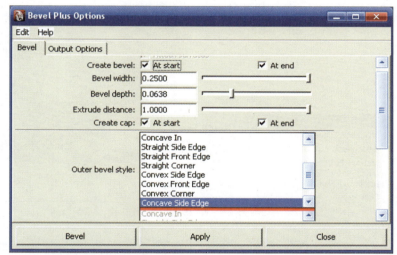

图1-4　倒角插件参数设置

05 执行"Modify（修改）>Center Pivot（中心枢轴点）"命令，将模型的中心点移动到物体的中心位置，如图1-5所示。

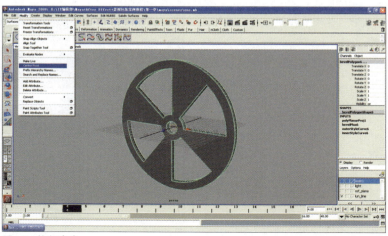

图1-5　执行命令

1.1.2 制作材质

完成了ID标的模型之后，接下来开始为模型加上材质。我们最初已经设计整个ID标为塑料、玻璃类质感，因此这时就需要为ID标模型添加塑料、玻璃类材质。添加材质后的效果如右图所示。

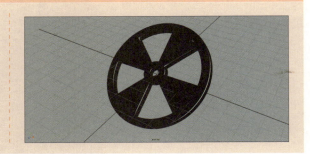

01 执行"Window（窗口）> Rendering Editors（渲染编辑器）>Hypershade（超链接材质编辑器）"命令，打开超链接材质编辑器窗口，如图1-6所示。

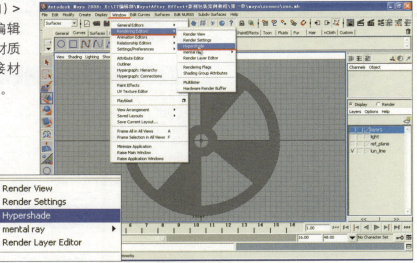

图1-6 打开超链接材质编辑器

02 单击左边的"Phong"材质球按钮，会在右边的上下栏中分别新创建名为"phong6"的材质球，如图1-7所示。

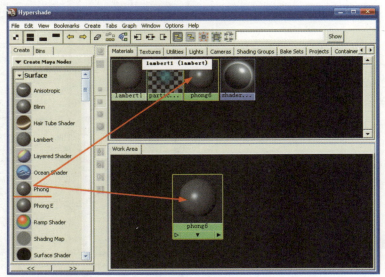

图1-7 创建材质球

03 右键单击"Work Area（工作区）"中的"phong5"材质球，执行"Rename（重命名）"命令，修改材质球的名称为"Gold"如图1-8所示。

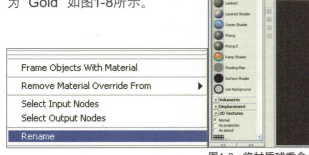

图1-8　将材质球重命名

04 双击名为"Gold"的材质球，弹出编辑材质球属性对话框，设置材质球参数如图1-9所示。

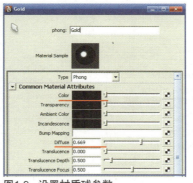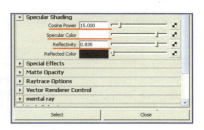

图1-9　设置材质球参数

05 选择场景内的模型后，鼠标右键单击"Gold"材质球，选择"Assign Material To Selection（将材质赋予选择物体上）"命令，如图1-10所示。

注意　按住鼠标中键，将创建好的材质球直接拖到物体上也可以为物体赋上材质。

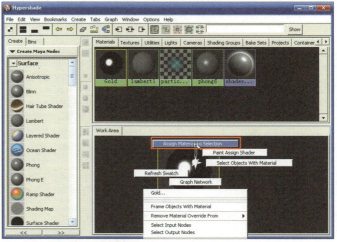

图1-10　将材质赋予选择物体上

1.1.3 添加灯光

完成了ID标的模型和材质之后，接下来要在场景中添加灯光，此处采用"三点照明"，在场景中添加三盏灯光，添加灯光的位置如右图所示。

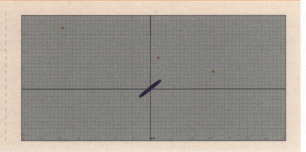

01 执行"Create（创建）> Lights（灯光）>Point Light（点灯光）"命令，创建点灯光，如图1-11所示。

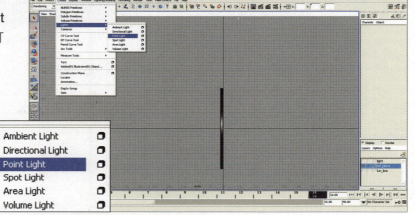

图1-11 创建点灯光

02 重复上面的步骤，继续再创建两个"Point Light（点灯光）"，三个灯光的参数设置如图1-12所示。

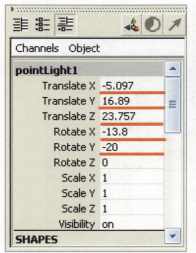
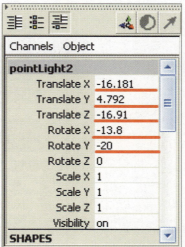
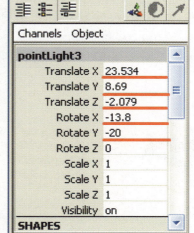

图1-12 设置灯光参数

1.1.4 制作反光板

接下来，我们要在场景中搭建反光板，目的是为了衬托出ID标的优美线条和质感。搭建并设置材质的反光板如右图所示。

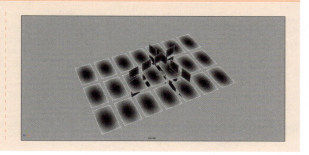

01 执行"Create（创建）> NURBS Primitives（NURBS基本几何体）Square（正方形）"命令，或单击口按钮创建如图1-13所示的矩形阵。

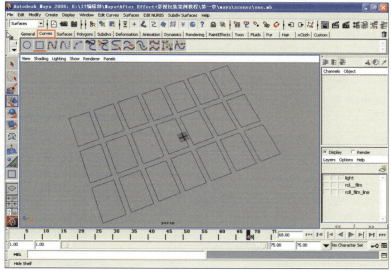

图1-13　创建矩形阵

02 重复上面的步骤，调整矩形阵的角度，使输片齿轮 模型处在正中央，如图1-14所示。

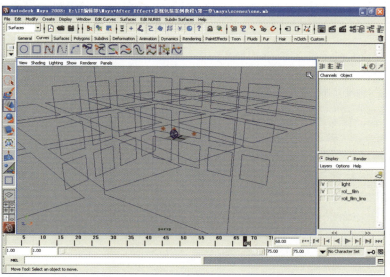

图1-14　调整矩形阵角度

03 执行"Window（窗口）> Rendering Editors（渲染编辑器）>Hypershade（超链接材质编辑器）"命令打开材质编辑器窗口，如图1-15所示。

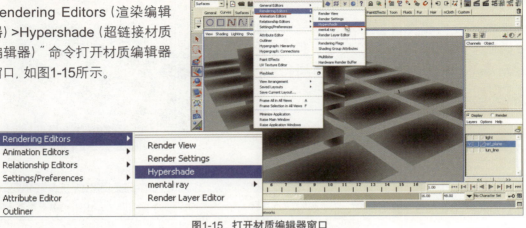

Rendering Editors	▶	Render View
Animation Editors	▶	Render Settings
Relationship Editors	▶	Hypershade
Settings/Preferences	▶	mental ray ▶
		Render Layer Editor
Attribute Editor		
Outliner		

图1-15　打开材质编辑器窗口

04 单击左边的"Lambert"材质球按钮，会在右边的上下栏中分别新创建名为"lambert3"的材质球，如图1-16所示。

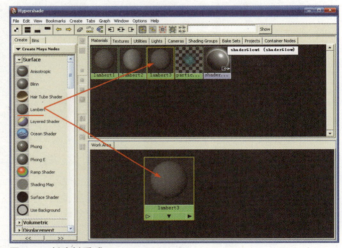

图1-16　创建材质球

05 双击名为"lambert3"的材质球，打开名称为"lambert3"的编辑材质球属性对话框，单击"Color（颜色）"属性后的 ▦ 图标，弹出名为"Create Render Node（创建渲染节点）"对话框，单击"Ramp（渐变）"按钮，如图1-17所示。

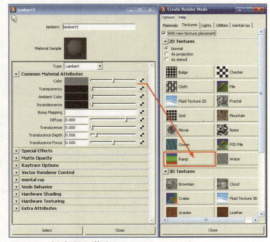

图1-17　创建渐变节点

06 弹出名为"ramp1的"编辑渐变属性对话框，单击颜色条左下角的圆圈，显示为选中该颜色控制区域，将Type（类型）参数设置为"Circular Ramp"选项，将"Selected Position（选择位置）"参数设置为0，单击"Selected Color（选择颜色）"后的颜色块，弹出名为"Color Chooser（颜色设置）"对话框，颜色参数设置为"H：0.0，S：0.0，V：0.0"，如图1-18所示。

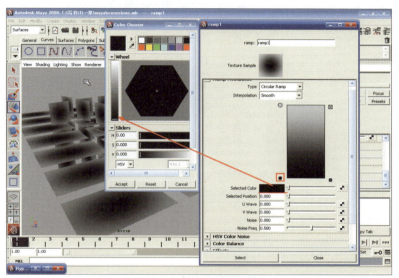

图1-18　编辑渐变属性1

07 继续在"ramp1"编辑渐变属性对话框中设置参数。单击颜色条左上角的圆圈，显示为选中该颜色控制区域，将Type（类型）参数设置为"Circular Ramp"（圆形渐变）选项，将"Selected Position（选择位置）"参数设置为1，单击Selected Color（选择颜色）"后的颜色块，弹出名为"Color Chooser（颜色设置）"对话框，颜色参数设置为"H：0.0，S：0.0，V：0.777"，如图1-19所示。

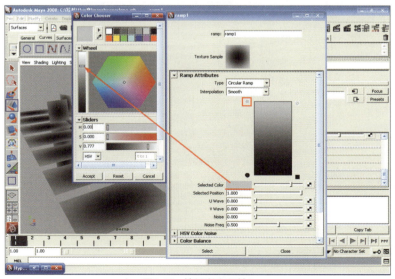

图1-19　编辑渐变属性2

08 设置完材质球的参数之后，选择场景内的模型，鼠标右键单击"lambert3"材质球，选择"Assign Material To Selection（将材质赋予选择物体上）"命令，如图1-20所示。

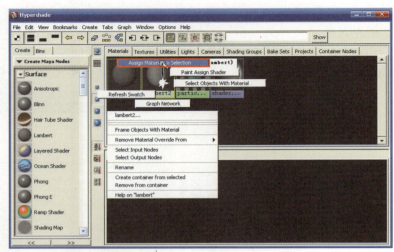

图1-20　将材质赋予选择物体上

1.1.5 制作动画

反光板制作完成后，接下来我们开始制作ID标动画，动画效果如下图所示。

01 执行"Create（创建）> Cameras（摄影机）>Camera（摄影机）"命令，创建一个摄影机，如图1-21所示。

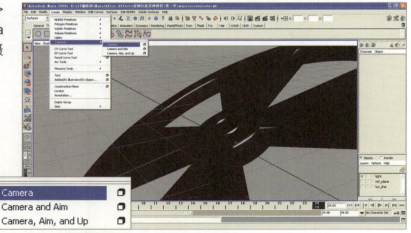

图1-21　创建摄影机

02 首先，调整摄影机的位置和角度，参数设置如图1-22所示。

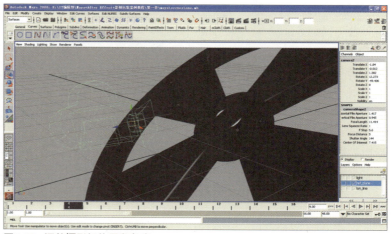

图1-22　调整摄影机位置和角度

03 在透视图窗口执行"Panels（面板）>Perspective（透视）>camera2（摄影机2）"命令，将视图切换为摄影机视图，如图1-23所示。

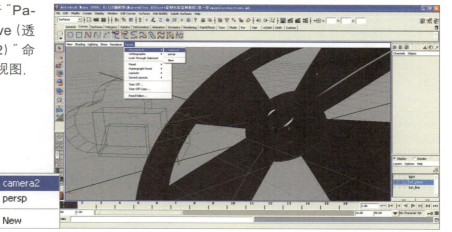

Perspective	▶	camera2
Orthographic	▶	persp
Look Through Selected		New

图1-23　切换到摄影机视图

04 执行"View（查看）>Select Camera（选择摄影机）"命令，如图1-24所示。接下来，我们要设置摄影机的动画参数。

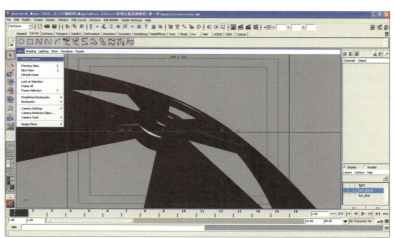

Select Camera	
Previous View	[
Next View	]
Default Home	

图1-24　选择摄影机

05 选中摄影机之后，将时间轴上的帧设置到起点处，按[Ctrl]键选择Translate Y和Rotate X参数项，然后右键单击参数项，在弹出菜单中选择"Key Selected（设置当前选择的关键帧）"命令。设置参数值如图1-25所示。

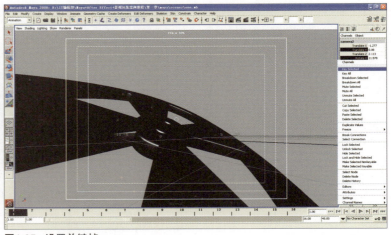

图1-25　设置关键帧

06 把时间轴拖到第16帧，按照上一步骤的方法，再次设置一个关键帧，参数值如图1-26所示。

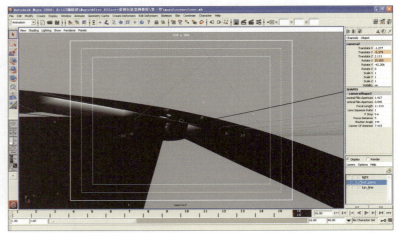

图1-26　再次设置关键帧

07 在摄影机视图显示方式下，单击右下角的播放按钮，可以预览动画效果，如图1-27所示。

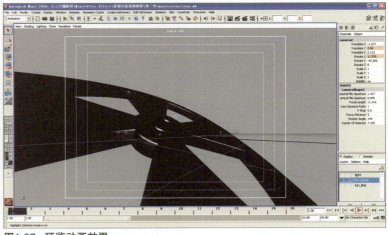

图1-27　预览动画效果

1.1.6 渲染输出

　　完成了动画制作之后，最后一步就是要将动画渲染输出，下面要讲解如何设置渲染参数，渲染效果如右图所示。

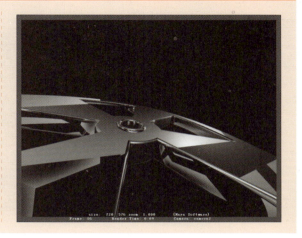

01　单击右上角的渲染设置按钮图标，弹出"Render Se-ttings（渲染设置）"对话框，在Co-mmon（常规）选项卡中设置参数，如图1-28所示。

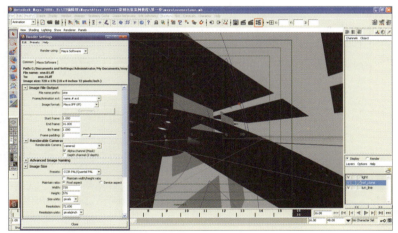

图1-28　设置Common选项卡参数

02　切换到"Maya Software（Maya软件渲染）"选项卡进行参数设置，如图1-29所示。

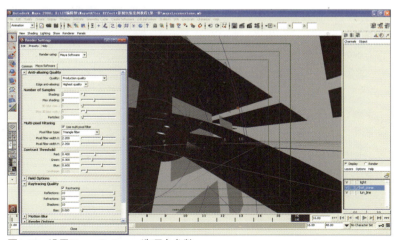

图1-29　设置Maya Software选项卡参数

03 在摄影机视图下单击右上角的 🖼 渲染开关图标，弹出"Render View（渲染预览）"对话框，显示出我们三维制作材质和模型的最后效果，如图1-30所示。

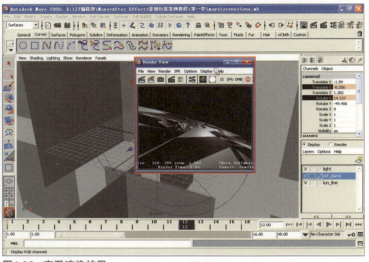

图1-30 查看渲染结果

04 执行"File（文件）>Project（项目）>New（新建）"命令，如图1-31所示。

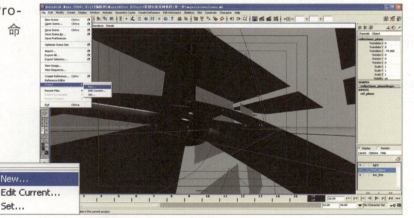

Project	▶	New...
Recent Files	▶	Edit Current...
Recent Increments	▶	Set...

图1-31 新建项目

05 弹出"New Project（新建项目）"对话框，设置完"Name（名称）"和"Location（位置）"后，单击"Use Defaults（使用默认）"按钮，最后单击"Accept（接受）"按钮。这样，就会在桌面上生成一个刚命名的文件夹，接下来渲染的图片都将存放到此文件夹中，如图1-32所示。

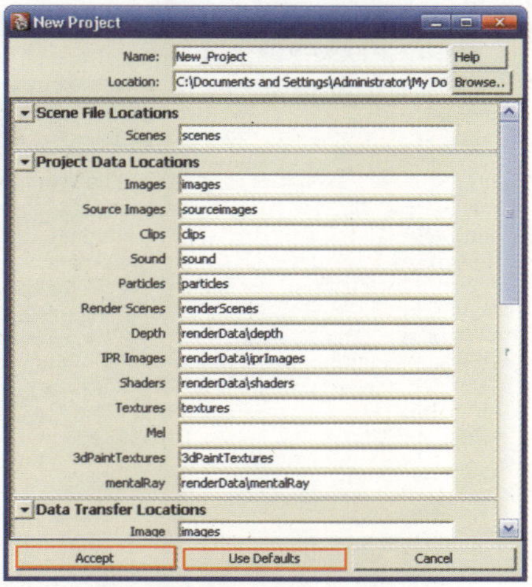

图1-32 项目设置

06 执行"Render（渲染）>Ba-tch Render（批处理渲染）"命令，将之前我们做的动画渲染成序列图片，以便进行后期合成，如图1-33所示。

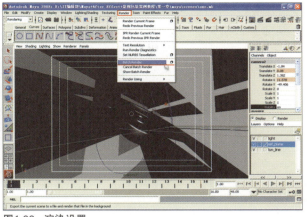

图1-33　渲染设置

【1.2　第二镜头制作】

完成了第一镜头的制作，接下来我们要利用第一镜头的元素制作第二镜头。

01 导入随书盘："第一章\maya\scenes\one.mb"文件，也就是第一个镜头的场景文件，接下来我们要调整摄影机的位置来做动画，摄影机的具体位置和角度参数如图1-34所示。

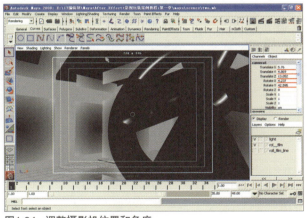

图1-34　调整摄影机位置和角度

02 接下来，我们要为输片齿轮制作动画。在时间轴起始点设置一个关键帧，具体参数设置如图1-35所示。

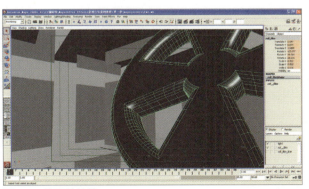

图1-35　设置关键帧

03 按照同样的方法在第35帧设置关键帧，具体参数设置如图1-36所示。

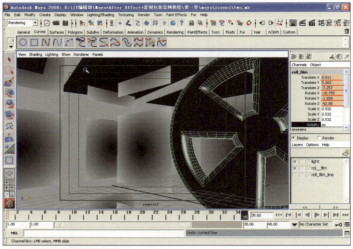

图1-36 再次设置关键帧

04 执行"Panels（面板）>Perspective（透视）>camera2（摄影机2）"命令，进入到摄影机视口显示方式，单击右下角的播放按钮▶，可以预览动画效果，如图1-37所示。

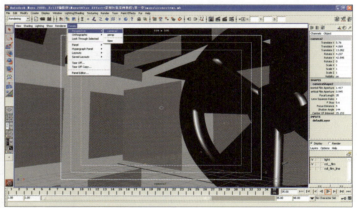

图1-37 预览动画

05 按照之前讲解的方法设置渲染输出参数，具体参数值如图1-38所示。

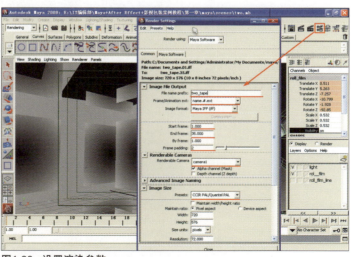

图1-38 设置渲染参数

【1.3 第三镜头制作】

在前两个镜头中我们重点表现出了频道的主题，接下来开始制作第三个镜头。我们要在第三个镜头中融入新的元素，主要表现该频道的LOGO。

1.3.1 创建LOGO模型

首先，我们先制作LOGO模型，制作好的模型如右图所示。

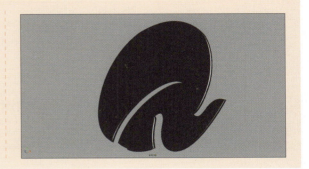

01 在"Front（前）"视图创建LOGO曲线，如图1-39所示。

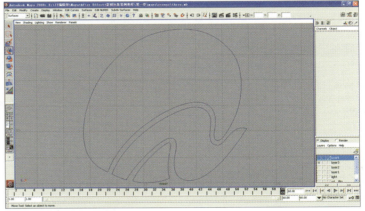

图1-39　创建Logo曲线

02 按住[Shift]键依次选中曲线，然后单击"Surfaces（曲面）>Bevel Plus（倒角插件）"命令后的 图标，并设置倒角插件的参数，如图1-40所示，最后单击"Bevel（倒角）"按钮。

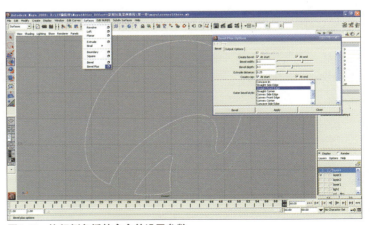

图1-40　执行倒角插件命令并设置参数

1.3.2 为LOGO添加灯光

完成LOGO模型之后，接下来为模型添加灯光，此时仍然采用"三点照明"法，添加灯光后的效果如右图所示。

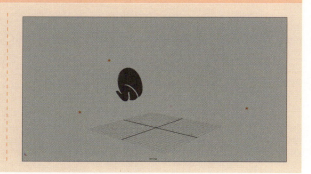

01 执行"Create（创建）> Lights（灯光）>Point Light（点灯光）"命令，创建灯光，如图1-41所示。

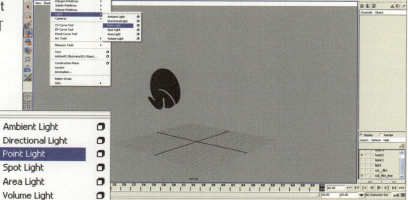

图1-41 创建灯光

02 重复上面的步骤，继续再创建两个"Point Light（点灯光）"，三个灯光的具体参数设置如图1-42所示。

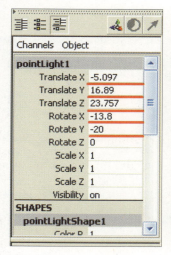
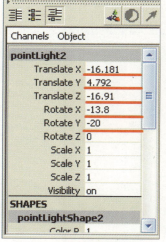
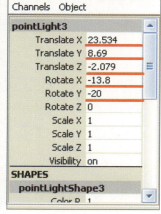

图1-42 设置灯光参数

1.3.3 为LOGO添加反光板

接下来要在场景中添加反光板，添加反光板后的效果如右图所示。

01 执行"Create（创建）> NURBS Primitives（NURBS 基本几何体）> Square（正方形）"命令，创建如图1-43所示的矩形阵。

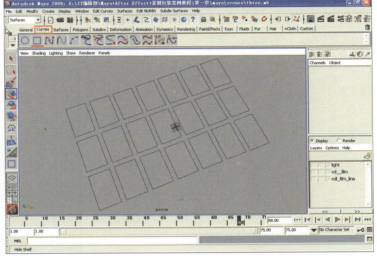

图1-43　创建矩形阵

02 重复上面的步骤，继续创建反光板，使LOGO处在正中央的位置，如图1-44所示。

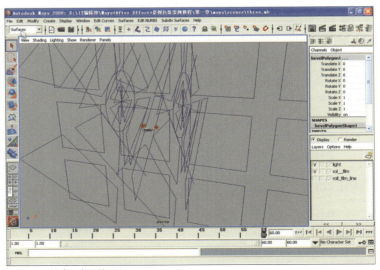

图1-44　创建不规则矩形

03 按照前面所讲的方法为反光板添加材质，此处我们要为反光板添加两种不同的材质，参数设置如图1-45所示。

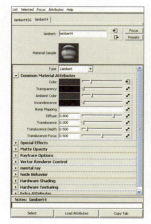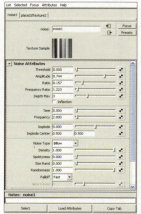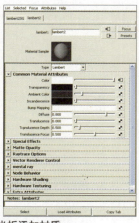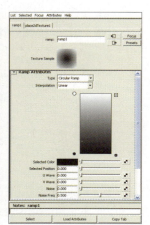

图1-45　为反光板添加材质

1.3.4 为LOGO添加材质

接下来，我们为LOGO添加材质，添加了材质后的LOGO如右图所示。

01 执行"Window（窗口）> Rendering Editors（渲染编辑器）>Hypershade（超链接材质编辑器）"命令，打开材质编辑器窗口，如图1-46所示。

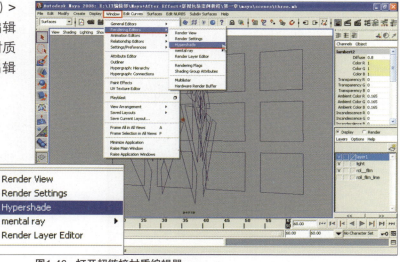

图1-46　打开超链接材质编辑器

02 单击左边的"Lambert"材质球按钮,会在右边的上下栏中分别新创建名为"lambert2"的材质球,如图1-47所示。

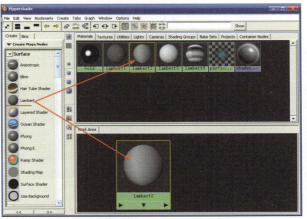

图1-47　创建Lambert材质球

03 双击名为"lambert2"的材质球,弹出编辑材质球属性对话框,单击"Color(颜色)"属性后的 ■ 图标,弹出名为"Create Render Node(创建渲染节点)"对话框,单击"Ramp(渐变)"按钮,如图1-48所示。

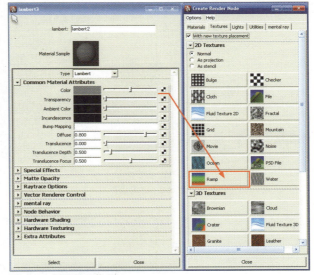

图1-48　创建渐变节点

04 设置"Ramp"节点,参数如图1-49所示,然后将设置好的材质赋予LOGO。

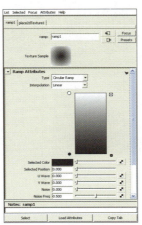

图1-49　设置节点参数

1.3.5 制作动画

设置完场景之后，接下来我们开始制作LOGO动画，动画效果如下图所示。

01 执行"Create（创建）> Cameras（摄影机）>Camera（摄影机）"命令，创建一个摄影机，如图1-50所示。

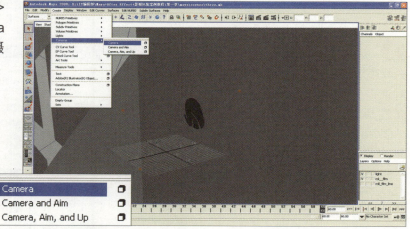

图1-50 创建摄影机

02 切换到摄影机视图，选择摄影机后，在时间轴第1帧设置一个关键帧，设置关键帧的参数如图1-51所示。

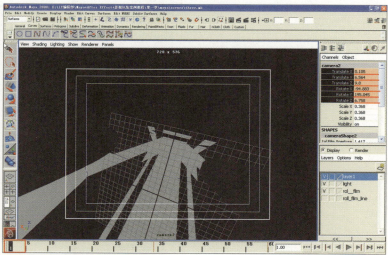

图1-51 设置摄影机关键帧参数

03 在时间轴第60帧再次设置一个关键帧，关键帧的参数如图1-52所示。

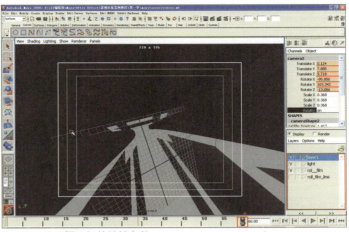

图1-52　设置摄影机关键帧参数

04 在摄影机视图显示方式下，单击右下角 ▶ 播放按钮，可以预览动画效果，如图1-53所示。

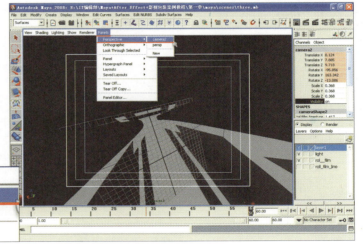

Panels	
Perspective ▶	camera2
Orthographic ▶	persp
Look Through Selected	New

图1-53　预览动画效果

05 按照之前讲解的方法，将动画渲染输出，参数设置如图1-54所示。

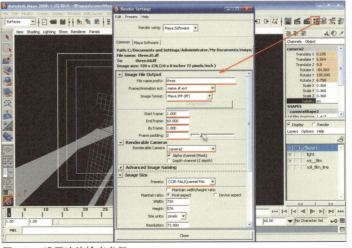

图1-54　设置渲染输出参数

【1.4 第四镜头制作】

在完成第三镜头的制作后，我们将利用第三镜头的元素制作第四镜头动画，动画分为两部分，一部分为LOGO本身的动画，一部分为摄影机动画。

1.4.1 制作LOGO动画

首先，我们来制作LOGO本身的动画。LOGO本身分为三个部分，这三个部分可以分开设置关键帧形成动画效果，最终完成的动画效果如下图所示。

01 导入随书光盘："第一章\maya\scenes\three.mb"文件调整相对应的反光板角度，如图1-55所示。然后将时间轴长度设置为95帧。

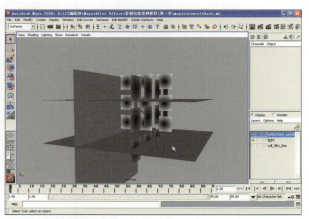

图1-55　调整反光板角度

02 下面开始制作动画，单击单个LOGO部分，因为要对LOGO的三个部分都制作动画，所以要分别记录关键帧，我们先给第一个部分做旋转动画。把时间指针设置到第1帧，如图1-56所示。

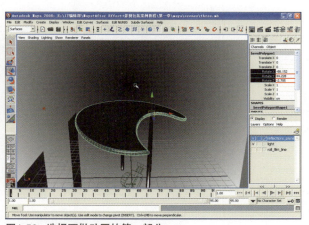

图1-56　选择要做动画的第一部分

03 将第1帧设置为关键帧，具体的参数设置如图1-57所示。

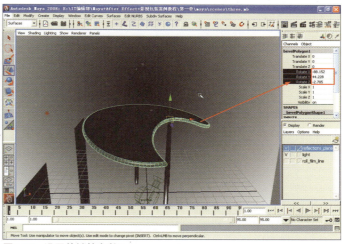

图1-57 设置关键帧参数1

04 将时间指针拖动到第45帧，设置为关键帧，关键帧参数如图1-58所示。

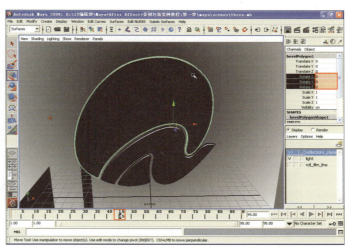

图1-58 设置关键帧参数2

05 接下来，我们继续做LO-GO第二个部分的动画，将时间轴移动到第1帧，设置关键帧参数如图1-59所示。

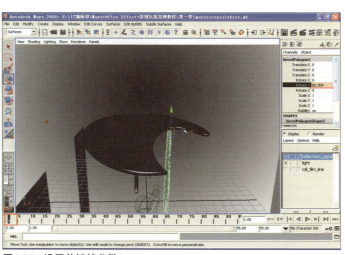

图1-59 设置关键帧参数3

06 将时间指针拖到第45帧，设置为关键帧，参数设置如图1-60所示。

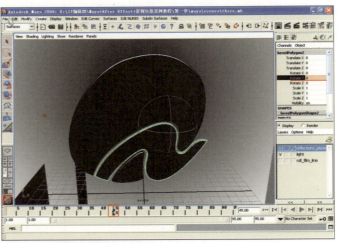

图1-60 设置关键帧参数4

07 接下来，我们继续做LO-GO第三个部分的动画，将时间指针移动到第1帧，设置关键帧参数如图1-61所示。

图1-61 设置关键帧参数5

08 将时间轴拖到第45帧，设置为关键帧，关键帧参数如图1-62所示。

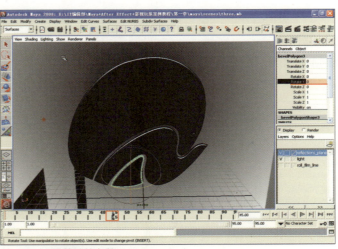

图1-62 设置关键帧参数6

1.4.2 制作摄影机动画

　　将LOGO本身制作完动画之后，我们还要制作摄影机动画，最终完成的动画效果如下图所示。

01 我们导入的场景中有一个摄影机，但是它之前已经设置了动画，因此要先把该动画取消，然后重新制作动画。选择摄影机，可以在右边看见黄颜色的参数栏，那表明该参数被记录了动画，右键单击设置了关键帧的参数选择"Break Connection（打断连接）"命令，如图1-63所示。

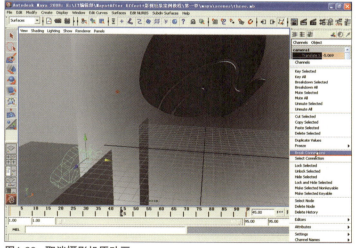

图1-63　取消摄影机原动画

02 接下来，要重新设置摄影机动画，移动时间指针到第1帧，设置为关键帧，关键帧参数如图1-64所示。

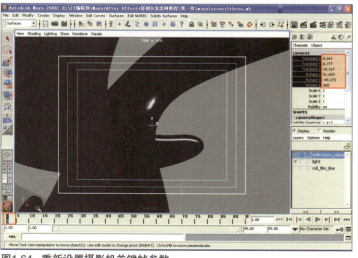

图1-64　重新设置摄影机关键帧参数

03 移动时间指针到第45帧，设置为关键帧，关键帧参数如图1-65所示。

04 移动时间指针到最后一帧，设置为关键帧，关键帧参数如图1-66所示。

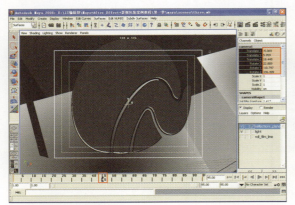

图1-65 设置关键帧参数1

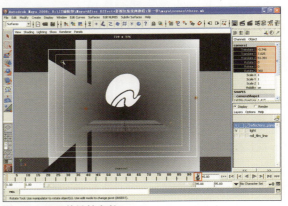

图1-66 设置关键帧参数2

05 执行"Panels（面板）>Perspective（透视）>camera1（摄影机）"命令，进入摄影机视图显示方式，单击右下角的播放按钮，可以预览动画效果，如图1-67所示。

06 按照之前讲解的方法输出动画，在这里我们省略输出步骤，参数设置如图1-68所示。

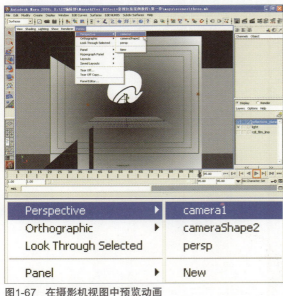

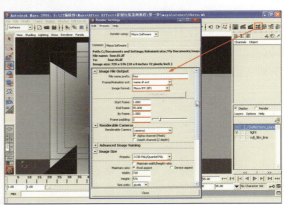

图1-68 设置输出参数

图1-67 在摄影机视图中预览动画

【1.5　第五镜头制作】

　　接下来我们为输片齿轮制作动画，该镜头所用的模型和场景是之前已经制作完成的，因此制作起来非常快捷。

01 　导入随书光盘："第一章\
\maya\scenes\two.mb"文件去
掉输片齿轮本身自带的动画，
调整摄影机参数如图1-69所示。

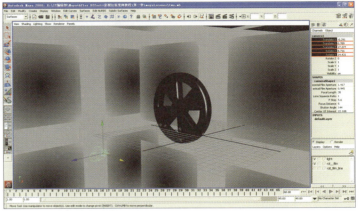

图1-69　设置摄影机参数

02 　接下来给输片齿轮做旋
转动画，设置时间轴长度为
75帧，如图1-70所示。

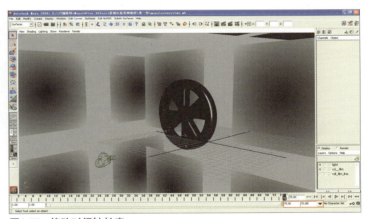

图1-70　修改时间轴长度

03 　选中输片齿轮，把时间
轴移动到第1帧，设置为关
键帧，关键帧参数如图1-71
所示。

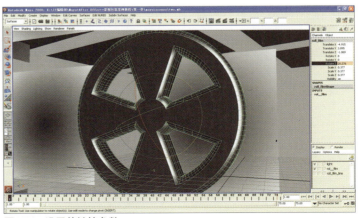

图1-71　设置关键帧参数

04 按照上面的方法，把时间指针移到第75帧，设置为关键帧，关键帧参数如图1-72所示。

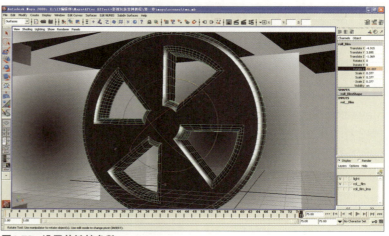

图1-72 设置关键帧参数

05 执行"Panels（面板）> Perspective（透视）>camera1（摄影机）"命令，进入摄影机视图显示方式，单击右下角的 ▶ 播放按钮，可以预览动画效果，如图1-73所示。

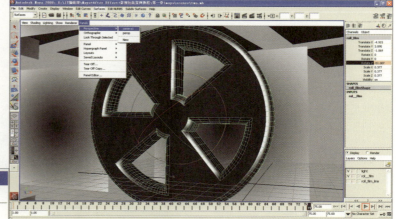

Perspective	▶	camera1
Orthographic	▶	persp
Look Through Selected		New

图1-73 预览动画

06 按照之前讲解的方法输出动画，在这里我们省略输出步骤，参数设置如图1-74所示。

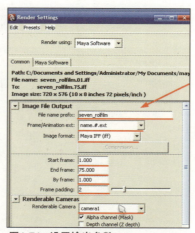

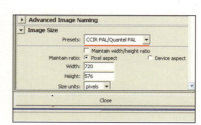

图1-74 设置输出参数

【1.6 第六镜头制作】

下面，我们来制作最后一个镜头，该镜头将重点表现新的元素——频道主题文字，本章节将详述文字建模、材质、动画等方面的知识。

1.6.1 制作文字模型

首先，我们来制作文字模型，制作文字模型的方法与前面所讲述的方法一致，制作完成的文字模型效果如右图所示。

01 导入附书光盘："第一章\maya\scenes\wenzi.mb"文件，这个是事先做好的文字曲线，用前面学过的方法也能创建文字曲线，在此省略这个步骤，文字曲线如图1-75所示。

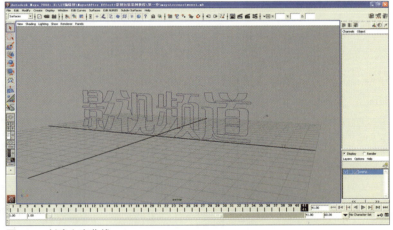

图1-75　创建文字曲线

02 单击"Surfaces（曲面）> Bevel Plus（倒角插件）"命令后的□图标，弹出命令参数调节对话框，具体参数设置如图1-76所示。

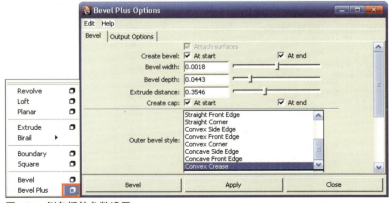

图1-76　倒角插件参数设置

03 逐一选择曲线，然后单击"Apply（执行）"按钮，一定要每选择一条曲线执行一次倒角命令，如图1-77所示。

04 按键盘[F3]键切换到"Polygons（多边形）"模式，选中场景内所有的模型，执行"Mesh（网格物体）>Combine（合并）"命令，将所有模型合并为一个整体，如图1-78所示。

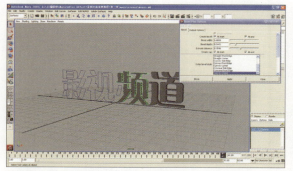

图1-77 单击"Apply（执行）"按钮

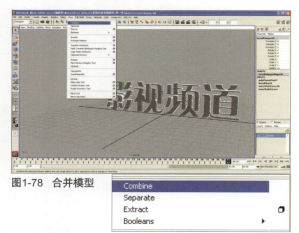

图1-78 合并模型

05 执行"Edit（编辑）>Delete by Type（删除类型）>History（当前历史）"命令，删除模型与曲线之间的关联历史，如图1-79所示。

06 执行"Modify（修改）>Center Pivot（中心枢轴点）"命令，将模型的枢轴点移回到物体的中心位置，如图1-80所示。

图1-79 删除历史记录

图1-80 移动枢轴点

1.6.2 制作材质

　　文字模型制作完成之后，接下来要为模型添加材质，添加完材质的模型效果如右图所示。

01　执行"Window（窗口）>Rendering Editors（渲染编辑器）>Hypershade（超链接材质编辑器）"命令，打开超链接材质编辑器窗口，如图1-82所示。

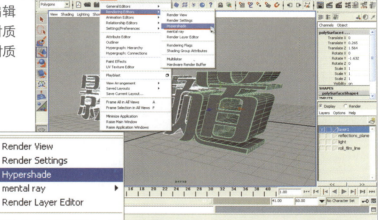

图1-81　打开超链接材质编辑器

02　单击左边的"Phong"材质球，会在右边的上下栏中分别新建名为"ph-ong6"的材质球，如图1-82所示。

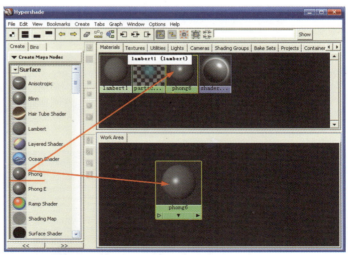

图1-82　创建材质球

03 右键单击〝Work Area
（工作区）〞中的〝phong6〞
材质球，执行〝Rename（重
命名）〞命令，修改材质球的
名称为〝Gold〞，如图1-83
所示。

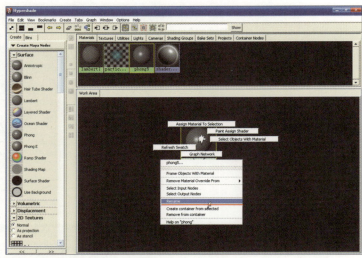

图1-83 将材质球重命名

04 双击名为〝Gold〞的材
质球，弹出编辑材质球属性对
话框，设置材质球参数如图
1-84所示。

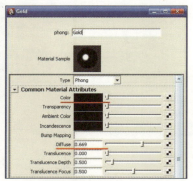

图1-84 设置材质球参数

05 选择场景内的模型后，
鼠标右键单击〝Gold〞材质
球，选择〝Assign Material
To Selection（将材质赋予选
择物体上）〞命令，如图1-85
所示。

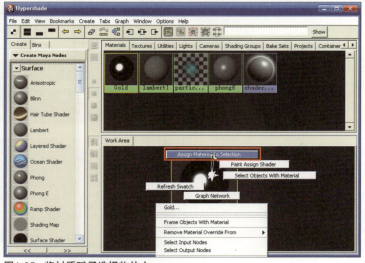

图1-85 将材质赋予选择物体上

1.6.3 在场景中添加灯光

接下来要在场景中添加灯光，此处仍然沿用之前的"三点照明"，法，在场景中添加三盏灯光。添加灯光后的效果如右图所示。

01 执行"Create（创建）> Lights（灯光）>Point Light（点灯光）"命令，创建点灯光，如图1-86所示。

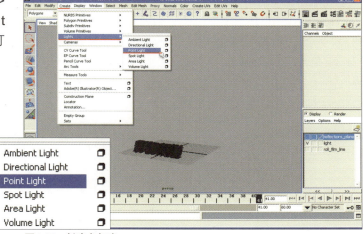

图1-86 创建点灯光

02 重复上面的步骤，继续再创建两个"Point Light（点灯光）"，三个灯光的参数设置如图1-87所示。

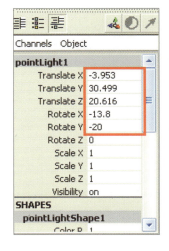

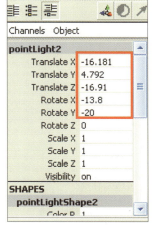

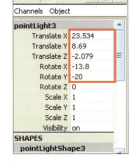

图1-87 设置灯光参数

1.6.4 制作反光板

在本小节中我们来制作反光板，完成后的效果如右图所示。

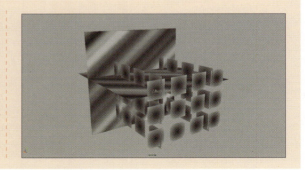

01 执行"Create（创建）> NURBS Primitives（NURBS 基本几何体）> Square（正方形）"命令，或单击□按钮创建如图1-88所示。

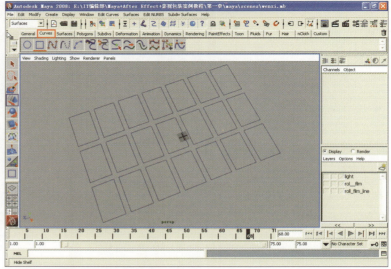

图1-88 创建矩形阵

02 重复上面的步骤，调整反光板的角度，使文字模型处在正中央，如图1-89所示。然后为反光板加上材质，此部分内容前面已经讲过，在此不再赘述。

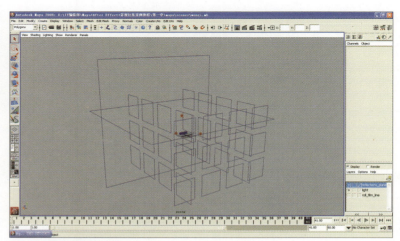

图1-89 调整反光板角度

1.6.5 制作动画

搭建完整个场景之后，我们开始制作动画。此处我们希望4个字能够分开动画，动画效果如下图所示。

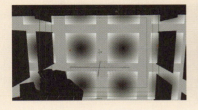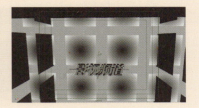

01 执行"Create（创建）> Cameras（摄影机）>Camera（摄影机）"命令，创建摄影机，如图1-90所示。

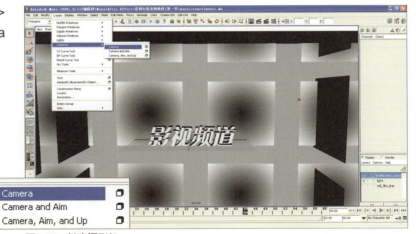

图1-90　创建摄影机

02 首先，调整摄影机的位置和角度，具体参数设置如图1-91所示。

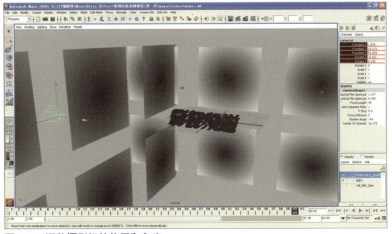

图1-91　调整摄影机的位置和角度

03 下面我们开始做文字动画。设置时间轴可视范围到41帧，先做"影"字的动画。将时间指针移动到第1帧，设置为关键帧，关键帧参数如图1-92所示。

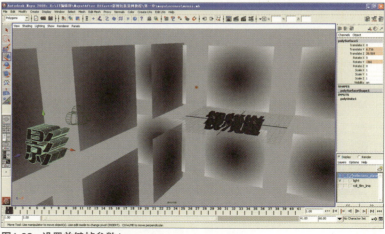

图1-92 设置关键帧参数1

04 把时间轴移动到第25帧，设置为关键帧，关键帧参数如图1-93所示。

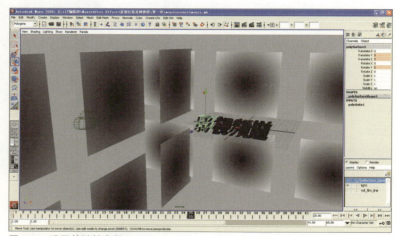

图1-93 设置关键帧参数2

05 接下来开始做"视"字动画。将时间指针移动到第5帧，设置为关键帧，关键帧参数如图1-94所示。

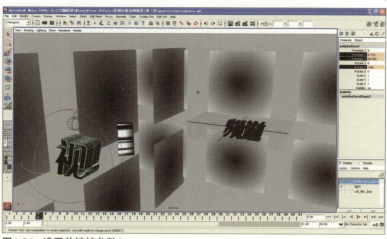

图1-94 设置关键帧参数3

06 把时间指针移动到第30帧，设置为关键帧，关键帧参数如图1-95所示。

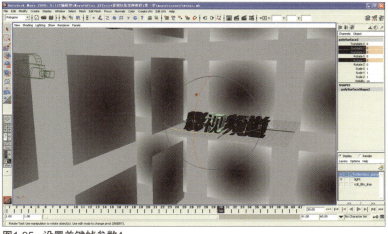

图1-95 设置关键帧参数4

07 接下来开始做"频"字动画。将时间指针移动到第11帧，设置为关键帧，关键帧参数如图1-96所示。

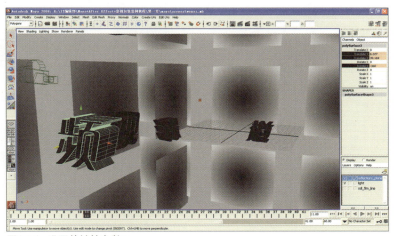

图1-96 设置关键帧参数5

08 把时间指针移动到第35帧，设置为关键帧，关键帧参数如图1-97所示。

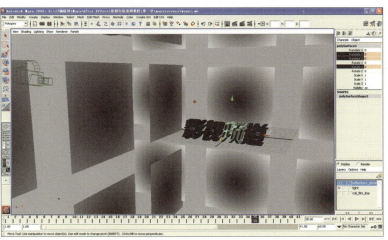

图1-97 设置关键帧参数6

09 最后开始做"道"字动画。将时间指针移动到第15帧，设置为关键帧，关键帧参数如图1-98所示。

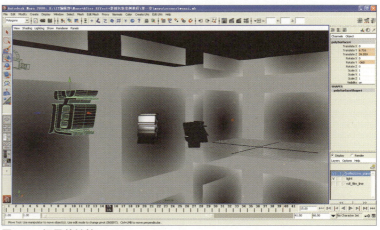

图1-98　记录关键帧1

10 把时间指针移动到第40帧，设置为关键帧，关键帧参数如图1-99所示。至此，我们已完成了所有文字的动画，可切换到摄影机视图查看动画效果。

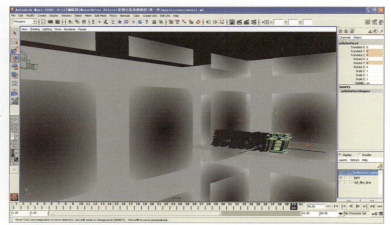

图1-99　记录关键帧2

11 按照之前讲解的方法输出动画，在这里我们省略输出步骤，参数设置如图1-100所示。至此，我们已经完成了全部镜头的制作，接下来将借助后期合成软件来完成。

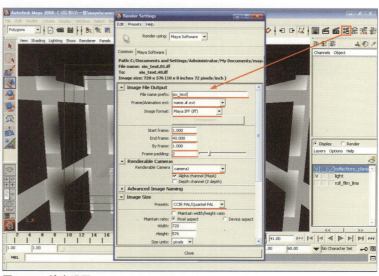

图1-100　输出设置

【1.7 影视频道ID演绎后期制作】

做到这里，三维部分就完成了，接下来我们进行后期制作，后期制作使用Adobe After Effects 7.0 软件。

01 首先，打开After Effects 软件，执行"Compostion（合成）>New Compostion（新建合成）"命令，打开"Composition Settings（合成设置）"对话框，设置参数如图1-101所示。

图1-101　新建合成

02 执行"File（文件）>Import（导入）>File（文件）"命令，弹出名为"Import File（导入文件）"的对话框，通过 "查找范围"打开随书光盘"第一章\素材\1"文件夹，选择"One.01"文件，勾选"IFF Sequence"选项，最后单击"打开"按钮，图片序列就会导入到AE项目窗口中，我们可以先建立一个文件包，方便素材管理。最后将项目窗口中的序列文件拖入到时间线窗口中，如图1-102所示。

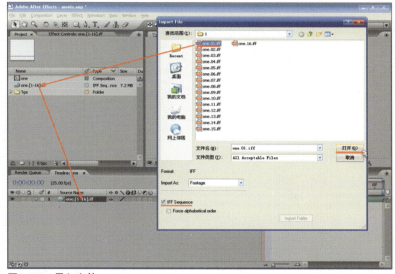

图1-102　导入文件

03 执行"File（文件）>Import（导入）> File （文件）"命令，按照上面的方法，把所有的素材文件都导入到项目窗口，并放置在"tga"文件夹下，方便我们整理，如图1-103所示。

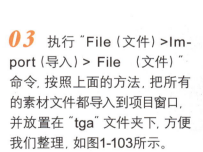

图1-103　导入全部素材文件

04 编辑时间线窗口中的"one"序列，按[Ctrl+D]组合键，复制文件放在顶层，单击工具栏中的圆形选项在视窗中画一个圆形作为该文件的"Mask"，在时间线窗口单击顶层的"one"文件，连续按两下[M]键打开"Mask"属性，在第15帧设置参数如图1-104所示。

图1-104 设置Mask参数

05 在项目窗口中新建一个文件夹，命名为"Comp"，将所有的Comp文件都放入在这个文件夹里面，如图1-105所示。

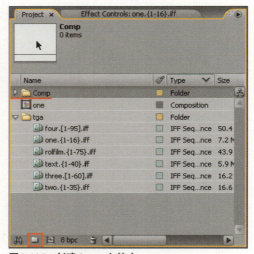

图1-105 创建Comp文件夹

06 执行"Layer（图层）>New（新建层）>Solid（固态层）"命令，如图1-106所示。

图1-106 创建固态层

07 在弹出的"Solid Settings（固态层设置）"对话框中设置参数，如图1-107所示。

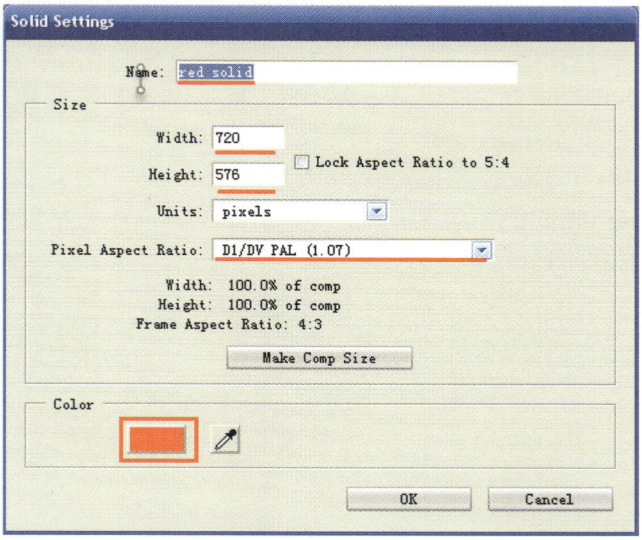

图1-107　设置固态层参数

08 单击"Red"固态层，按[M]键打开"MASK"属性，为"Mask Shape（遮罩形状）"做关键帧动画，在启始帧做动画，如图1-108所示。

图1-108　记录动画关键帧1

09 在第15帧继续做动画。然后建立一个"Black"固态层做相同的动画，其遮罩大小小于"Red"固态层，如图1-109所示。

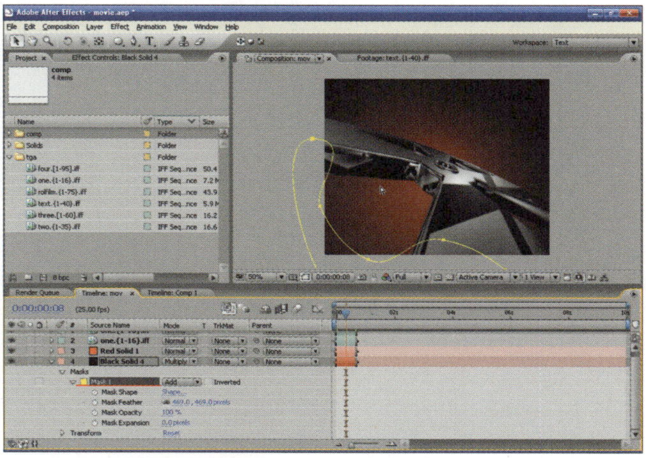

图1-109　记录动画关键帧2

10 把项目窗口里面的"two"文件导入时间线窗口，放在第16帧的位置上。执行"Effect（特效）> "Blur&Sharpen"（模糊与锐化）> "Reduce Interlace Flicker（降低交错闪）"命令，然后按[Ctrl+D]组合键再复制"two"文件，如图1-110所示。

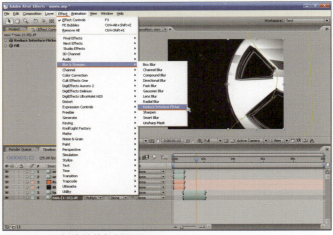

图1-110 添加特效并复制图层

11 单击工具栏中的文字工具，在合成窗口中输入文字"MOVIE CHANNEL"，并在时间线窗口按[Ctrl+D]组合键复制一个图层。将位于下面的文字图层添加"Gaussian Blur（高斯模糊）"特效，时间点及对应参数设置如图1-111所示。

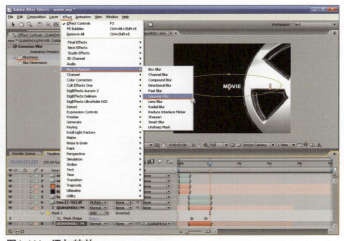

图1-111 添加特效

12 将图层的"Parent"栏选择为下面的文字图层，同时为本图层再添加一个遮罩，并设置动画，如图1-112所示。

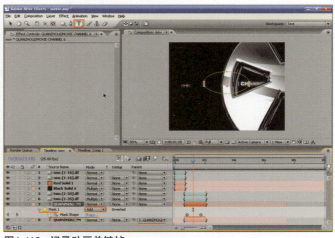

图1-112 记录动画关键帧

13 导入"three"文件到时间线窗口，执行"Effect"（特效）> Blur&Sharpen（模糊与锐化）> Reduce Interlece Flicker（降低交错闪）"命令，在"three"文件上画一个遮罩，只显示一个输片齿轮。然后按[Ctrl+D]组合键复制一个，将图层模式设置为 "Multiply（正片叠底）"选项，然后在工具栏单击文字工具，在视窗中输入英文，具体参数如图1-113所示。

图1-113　设置参数

14 执行"Layer（图层）> New（新建层）>Solid（固态层）"命令，添加一个固态层，命名为"Red"。选择"Red"固态层，执行"Effect（特效）> Generate（生成）>Ramp（渐变）"命令，如图1-114所示。

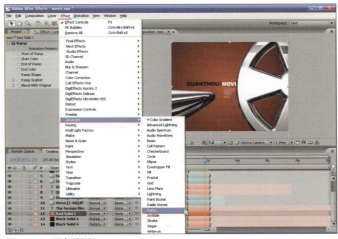

图1-114　添加渐变

15 设置"Red"固态层的"Ramp（渐变）"参数。用同样的方法再添加两个"Black"固态层，设置固态层模式为"Multiply（正片叠底）"。为固态层增加遮罩，目的为使图像看起来更柔和，如图1-115所示。

图1-115　设置渐变参数并增加遮罩

16 我们再导入一个"three"到时间线窗口，执行"Effect（特效）>Blur&Sharpen（模糊与锐化）Reduce Interlece Flicker（降低交错闪）命令。新建一个固态层，接[M]键进入"MASK"属性，设置"Mask Shape"属性制作关键帧动画，分别在（0：00：02：01）、（0：00：03：04）、（0：00：04：10）处将MASK向上移动记录关键帧动画。在"three"后面将"Tvkmat"设置为ALPHA，如图1-116所示。

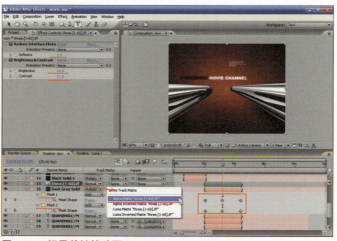

图1-116 记录关键帧动画

17 选择工具栏中的文字工具，在视窗中输入文字"QUAN-ZHOU MOVIE CHA NNEL"并在时间线窗口中再复制一个下面的文字添加模糊特效"Gaussian Blur"（高斯模糊），在0：00：02：01的位置到0：00：03：07的位置上记录关键帧。"Parent"栏拾取上面的文字，模糊参数为0：00：02：24到0：00：03：12并记录关键帧，具体参数如图1-117 所示。

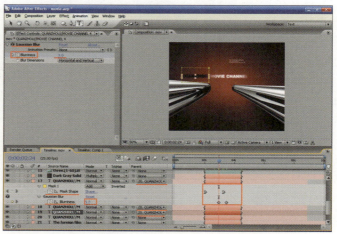

图1-117 文字特效设置

18 将"four"文件拖入时间线窗口，执行"Effect（特效）>Color Correction（颜色校正）>Curves（曲线）"命令，时间点及对应参数设置如图1-118所示。

Time（时间）	Time Remap（重置时间）
0：00：04：11	0：00：00：00
0：00：08：06	0：00：03：20

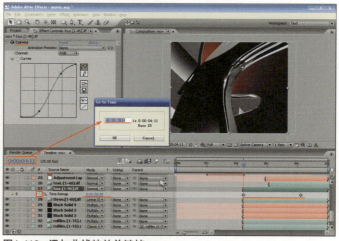

图1-118 添加曲线特效关键帧

19 我们把文件"three"和"rolfilm"拖入时间线窗口，把"rolfilm"文件再复制两个。文件在时间线窗口的起始时间为0：00：04：11，如图1-119所示。

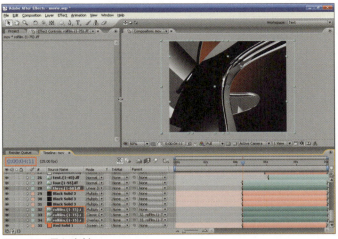

图1-119　导入素材

20 将"text"文件拖入到时间线窗口中，时间点及关键帧参数设置如图1-120所示。

Time（时间）	Time Remap（重置时间）
0：00：06：04	0：00：00：00
0：00：07：19	0：00：01：15

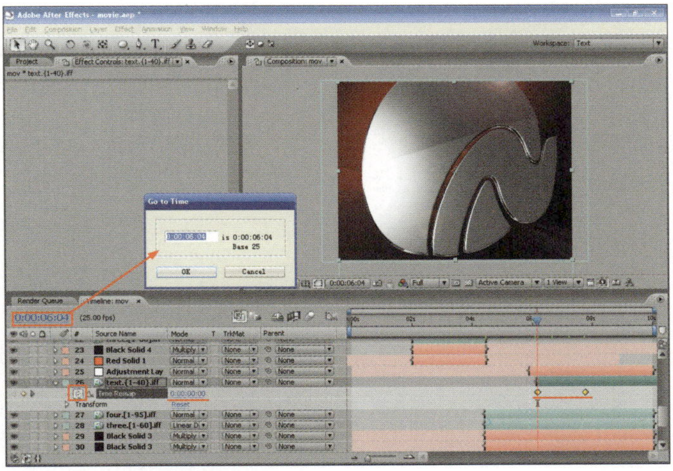

图1-120　记录关键帧

21 新建一个固态层，命名为"Red"。单击"Red"固态层执行"Ramp（渐变）"命令。复制一个固态层模式设置为"Screen（屏幕混合）"。用同样的方法建立一个黑色的固态层，复制一个固态层，将模式设置为"Multiply（正片叠底）"模式。为固态层增加遮罩，目的为使图像看起来更柔和，如图1-121所示。

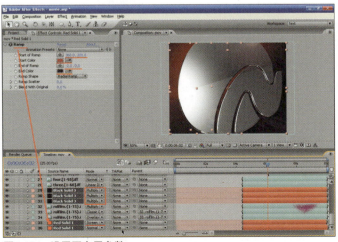

图1-121　设置固态层参数

22 设置文件"three"和"rolfilm"的参数与动画，把文件"three"的文件模式设置为
"Linear Dodge（线性减淡）"，时间点及对应参数关键帧设置如图1-122所示。

文件	Time（时间）	Time Remap（重置时间）
"three"	0：00：06：06	0：00：00：00
	0：00：09：24	0：00：02：10

文件	Time（时间）	Opacity（透明）
"three"	0：00：05：16	0
	0：00：06：10	17

文件	Time（时间）	Time Remap（重置时间）
"rolfilm"	0：00：06：06	0：00：00：00
	0：00：09：24	0：00：03：00

文件	Time（时间）	Opacity（透明）
"rolfilm"	0：00：05：16	0
	0：00：08：09	45

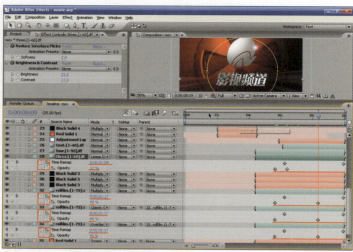

图1-122　设置关键帧参数1

23 在"text"文件图层上面添加一个"Adjustment Lay"调节层，添加一个灯光插件。时间
点及对应参数设置如图1-123所示。

Time（时间）	Light Factory EZ
0：00：05：23	Brightness：92.0 Scale：0.91 Light Source Location:522.0，-55
0：00：07：22	Brightness：72.0 Scale：0.59 Light Source Location:444.3，192.4

图1-123　设置关键帧参数2

24 按[Ctrl+M]组合键,弹出渲染输出对话框,单击"Output Module(输出类型)"后的"Lossless",如图1-124所示。

图1-124　渲染输出

25 在打开的"Output Module Settings(输出类型设置)"对话框中设置参数,如图1-125所示。

图1-125　设置输出参数

Chapter 2

网络频道演绎

创意阐述

本章主要讲解如何制作网络频道包装，网络频道的LOGO采用红色为主题色，加上"@"标志，代表着这是观众首选的网络频道；用鼠标配上网络符号"@"，漫天飞舞，演绎出旋律，象征着该频道能够不断释放网络生活的新韵律。

镜头阐述

第一个镜头有一个鼠标出现在画面中，随后从后面弹出多个鼠标；第二个镜头两个鼠标从画面外侧翻转入镜；第三个镜头鼠标从一点向外扩散并变形，背景不断释放出网络"@"符号；第六个镜头频道定版。

技术要点

运用真实的环境反射与折射渲染出绚丽的画面，采用制作水晶的手法，并运用Mental Ray渲染器。

📹 创意分镜头

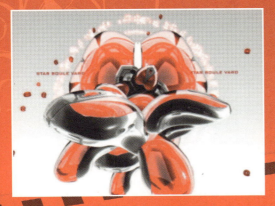

【2.1 制作频道文字】

材质的表现效果直接依赖于模型的精细程度，所以模型是非常重要的，在整个包装短片中要表现三个元素，我们先来制作其中一个元素——文字。

2.1.1 制作文字模型

首先来制作文字的模型，在这里我们要采用直接输入文字的方式来制作文字模型。制作完成的文字模型如右图所示。

01 打开Maya软件，创建文字，单击"Create（创建）> Text（文字）"命令后的 图标，如图2-1所示。

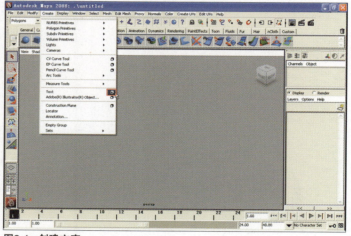

图2-1 创建文字

02 在弹出的"Text Curve Options（文字曲线选项）"对话框中输入文字"网络频道"，设置字体后，单击"Create（创建）"按钮，如图2-2所示。

图2-2 输入文字并设置参数

03 单击"Surfaces（曲面）> Bevel Plus（倒角插件）"命令后的 ▣ 图标,弹出命令参数调节对话框,参数设置如图2-3所示。

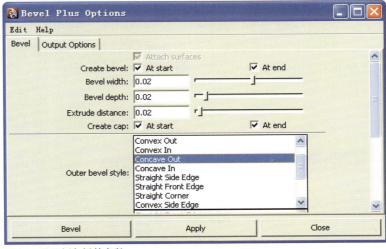

图2-3　设置倒角插件参数

04 逐一选择曲线,单击"Apply（执行）"按钮,如图2-4所示。

注意

当一个模型是由内外两条曲线组成时,要先选择外曲线,然后按住键盘[Shift]键选择内曲线,再单击"Apply（执行）"按钮。

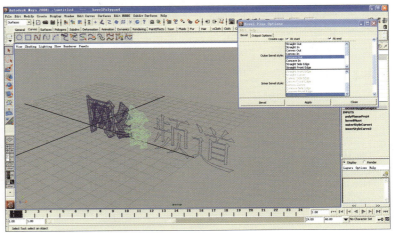

图2-4　单击"Apply（执行）"按钮

05 按[F3]键切换到"Polygons（多边形）"模式,选择场景内所有的模型,然后执行"Mesh（网格物体）>Combine（合并）"命令,将所有模型合并为一个整体,如图2-5所示。

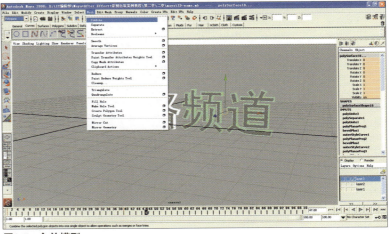

图2-5　合并模型

06 执行"Edit（编辑）>De-lete by Type（删除类型）>His-tory（当前历史）"命令，删除模型与曲线之间的关联历史，如图2-6所示。

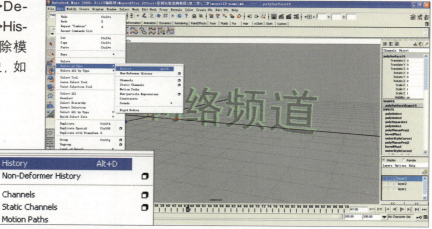

图2-6 删除历史记录

07 执行"Modify（修改）> Center Pivot（中心枢轴点）"命令，将模型的枢轴点移动回到物体的中心位置，如图2-7所示。

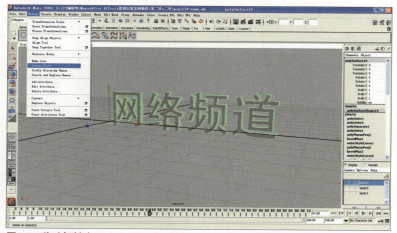

图2-7 移动枢轴点

08 查看移动枢轴点后的模型最终效果，如图2-8所示。

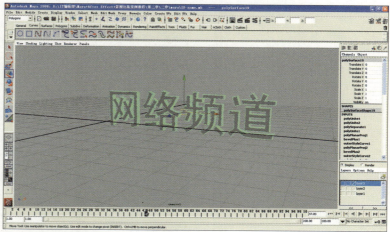

图2-8 查看模型效果

2.1.2 制作材质

　　制作完文字模型之后，我们接下来要为模型添加材质，添加完材质的模型效果如右图所示。

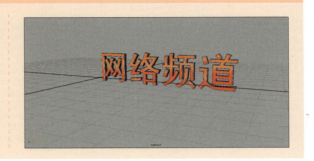

01　执行"Window（窗口）> Rendering Editors（渲染编辑器）> Hypershade（超链接材质编辑器）"命令，打开材质编辑器，如图2-9所示。

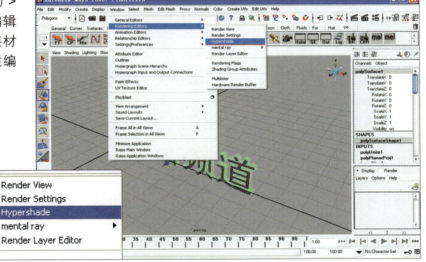

图2-9　打开材质编辑器

02　单击左边的"Blinn"材质球按钮，会在右边的上下栏中分别新创建名为"blinn1"的材质球，如图2-10所示。

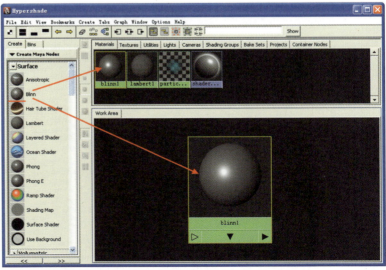

图2-10　创建材质球

03 双击名为"blinn1"的材质球,弹出编辑材质球属性对话框,单击"Color(颜色)"属性后的 ▦ 图标,弹出"Create Render Node(创建渲染节点)"对话框,单击"Ramp(渐变)"按钮,如图2-11所示。

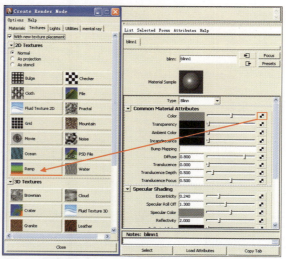

图2-11 创建渐变节点

04 在编辑渐变属性对话框中,单击颜色条旁最上边圆圈,显示为选中该颜色控制区域,单击"Selected Color(选择颜色)"后的颜色条,弹出"Color Chooser(颜色设置)"对话框,参数设置如图2-12所示。

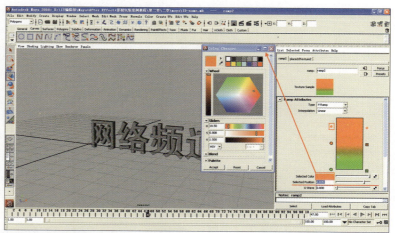

图2-12 编辑渐变属性1

05 单击颜色条旁中间的圆圈,显示为选中该颜色控制区域,双击"Selected Color(选择颜色)"后的颜色条,弹出"Color Chooser(颜色设置)"对话框,参数设置如图2-13所示。

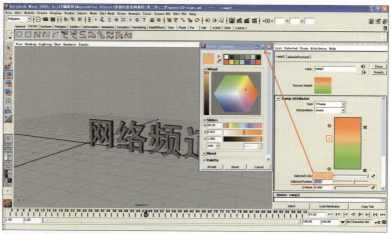

图2-13 编辑渐变属性2

06 单击一下颜色条旁最下边的圆圈，显示为选中该颜色控制区域，双击"Selected Color（选择颜色）"后的颜色条，弹出"Color Chooser（颜色设置）"对话框，参数设置如图2-14所示。

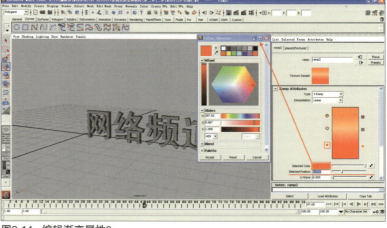

图2-14 编辑渐变属性3

07 设置完材质球之后，选择场景内的模型，使用鼠标右键单击"blinn1"材质球，选择"Assign Material To Selection（将材质赋予选择物体上）"命令，如图2-15所示。

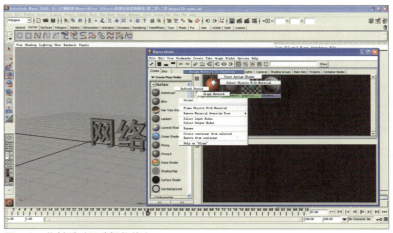

图2-15 将材质赋予选择物体上

08 在编辑材质球属性对话框中，单击"Reflected Color（反射颜色）"属性后的 图标，弹出"Create Render Node（创建渲染节点）"对话框，单击"Env Ball（环境球）"按钮，参数设置如图2-16所示。

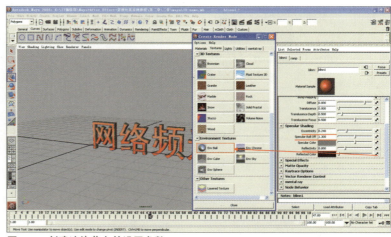

图2-16 创建渲染节点并设置参数

09 在编辑环境节点属性对话框中，单击"Image（图片）"属性后的 ■ 图标，弹出名为"Create Render Node（创建渲染节点）"的对话框，单击"File（文件）"按钮，如图2-17所示。

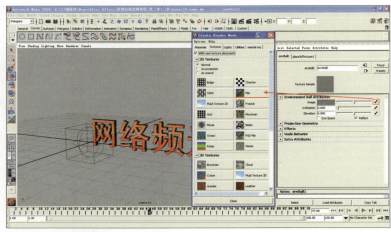

图2-17　创建渲染节点1

10 在编辑文件节点属性对话框中，单击"Image Name（图片名字）"属性后的 ■ 图标，弹出名为"Open（打开）"的对话框，找到随书光盘："第二章\素材\image\HDR 图 .hdr"文件，单击"Open（打开）"按钮，如图2-18所示。

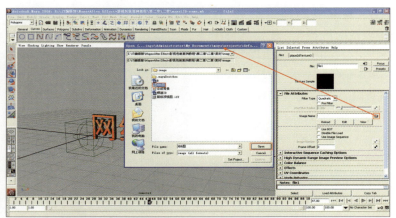

图2-18　创建渲染节点2

11 在编辑文件节点属性对话框中，双击"Color Gain（得到颜色）"后的颜色条，弹出"Color Chooser（颜色设置）"对话框，参数设置如图2-19所示。

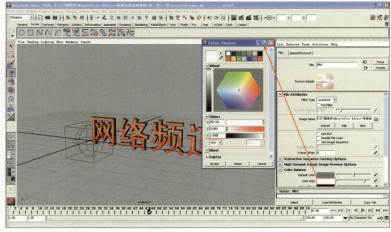

图2-19　设置颜色

12 执行 "Create（创建）> NURBS Primitives（NURBS 基本几何体）> Sphere（球体）"命令，创建一个球体，如图2-20所示。

注意 在创建球体时按住鼠标左键，进行拖拉可控制球体创建的大小。

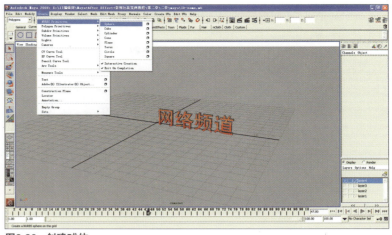

图2-20 创建球体

13 按键盘[Ctrl+A]组合键，在编辑球体节点属性对话框中，设置"Render Stats（渲染节点）"栏中的参数如图2-21所示。

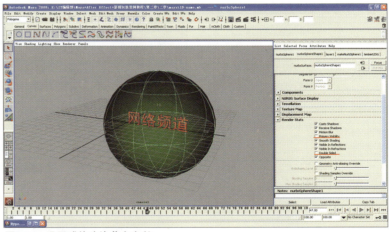

图2-21 设置球体渲染节点参数

14 执行"Window（窗口）> Rendering Editors（渲染编辑器）>Hypershade（超链接材质编辑器）"命令，打开材质编辑器窗口，单击左边的"Lambert"材质球，会在右边的上下栏中分别新创建名为"lambert2"的材质球，如图2-22所示。

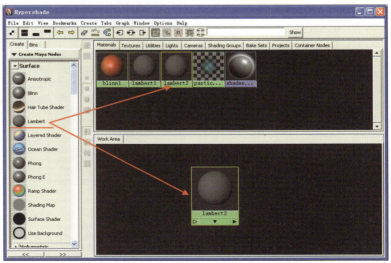

图2-22 创建材质球

15 双击名为"lambert2"的材质球,在编辑材质球节点属性对话框中,单击"Color(颜色)"后的颜色条,弹出"Color Chooser(颜色设置)"对话框,选择红色,设置"Ambient Color(环境颜色)"如图2-23所示。

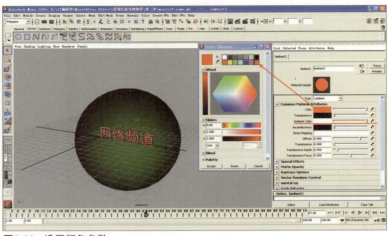

图2-23 设置颜色参数

16 导入随书光盘:"第二章\素材\bian yuan.mb"文件,按住键盘空格键,再按鼠标右键选择"Side View(侧视图)"命令,切换到侧视图窗口,如图2-24所示。

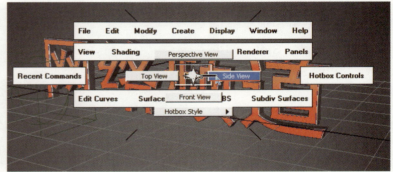

图2-24 切换到侧视图

17 选择文字模型,按住鼠标右键,选择"Face(表面)"命令,用鼠标框选侧边的表面,如图2-25所示。

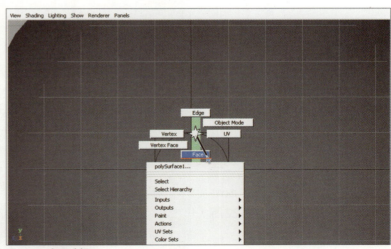

图2-25 表面选择

18 按住键盘空格键，再按鼠标右键，选择"Perspective（透视）"命令，切换到透视图窗口，如图2-26所示。

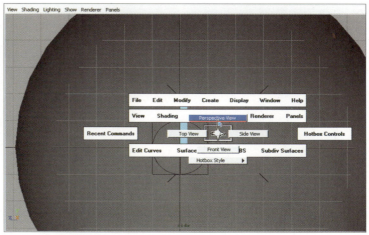

图2-26 切换到透视图

19 执行"Window（窗口）> Rendering Editors（渲染编辑器）>Hypershade（超链接材质编辑器）"命令，打开材质编辑器窗口，右键单击"bian_yuan"材质球，选择"Assign Material To Selection（将材质赋予选择物体上）"命令，如图2-27所示。

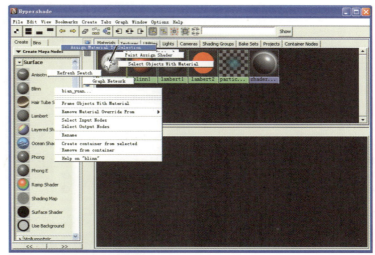

图2-27 将材质赋予选择物体上

20 选择大球体模型，用同样的方法，在"lambert2"材质球上按住鼠标右键，选择"Assign Material To Selection（将材质赋予选择物体上）命令，如图2-28所示。

图2-28 为大球模型添加材质

2.1.3 添加灯光

接下来，要在场景中添加灯光。在此，我们要添加两个平行光，添加灯光后的效果如右图所示。

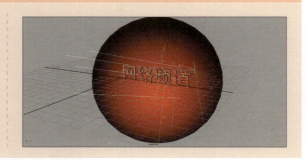

01 执行"Create（创建）> Lights（灯光）>Directional Light（方向灯）"命令，创建一个方向灯，如图2-29所示。

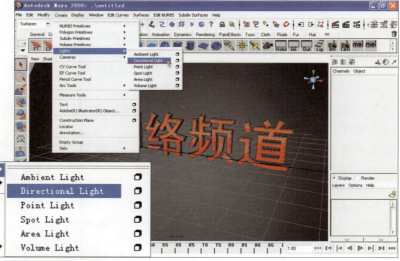

图2-29　创建方向灯

02 用同样的方法再创建一个方向灯，两个灯的参数设置如图2-30所示。

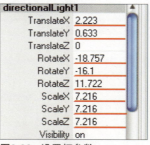

图2-30　设置灯参数

2.1.4 制作动画

设置完灯光之后，接下来我们开始制作文字动画，动画效果如下图所示。

01 执行"Create（创建）> Cameras（摄影机）>Camera（摄影机）"命令，创建一个摄影机，如图2-31所示。

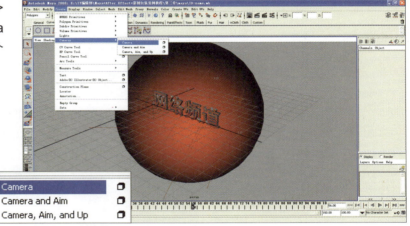

图2-31 创建摄影机

02 对摄影机的位置和角度参数进行调整，参数设置如图2-32所示。

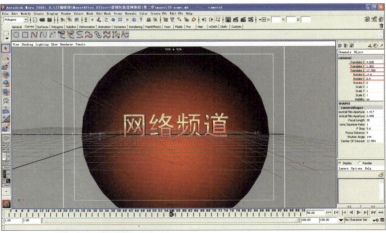

图2-32 设置摄影机位置和角度参数

03 在"Perspective（透视）"视图显示方式下按键盘F3键，切换到Polygons（多边形）模式，选中文字模型，执行"Mesh（网格物体）> Separate（分离）"命令，将文字模型分离开，如图2-33所示。

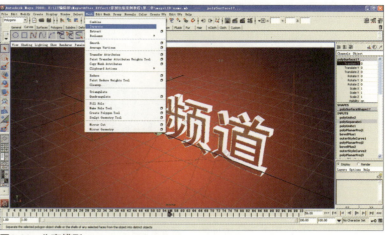

图2-33　分离模型

04 选择"网络"文字模型，执行"Mesh（网格物体）> Combine（合并）"命令，将选择的两个文字模型合并为一个整体，再执行"Modify（修改）> Center Pivot（中心枢轴点）"命令，将模型的枢轴点移回到物体的中心位置，如图2-34所示。

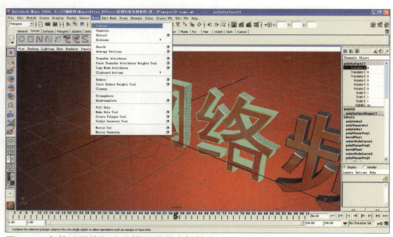

图2-34　合并"网络"文字模型并置中枢轴点

05 使用同样的方法对"频道"文字模型进行设置，如图2-35所示。

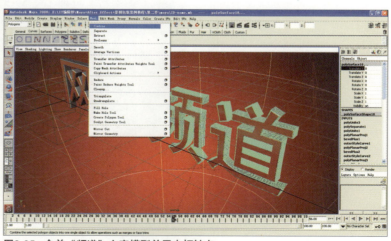

图2-35　合并"频道"文字模型并置中枢轴点

06 选中"网络频道"文字模型，在时间轴第40帧处按键盘[S]键设置一个关键帧，如图2-36所示。

> **注意**
>
> 选择一个模型后，按住键盘[Shift]键，可选择下一个模型。

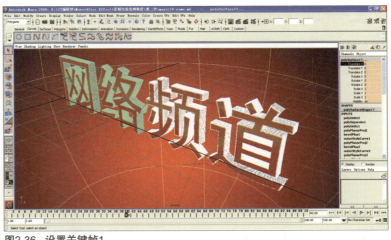

图2-36 设置关键帧1

07 选中"网络"文字模型，移动时间指针到第1帧，设置为关键帧，关键帧参数设置如图2-37所示。

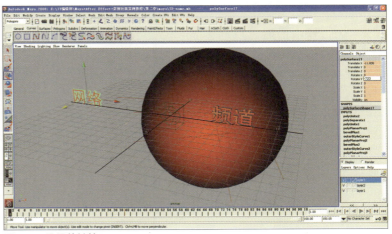

图2-37 设置关键帧2

08 选择"频道"文字模型，在时间轴第1帧设置关键帧，关键帧参数如图2-38所示。设置完成后可预览动画效果。

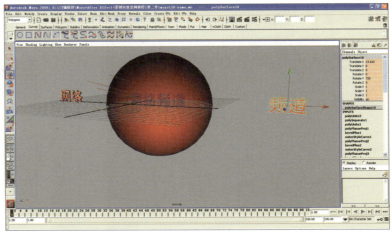

图2-38 设置关键帧3

2.1.5 渲染输出

　　文字模型的动画制作完后，就完成了文字部分的所有制作，接下来把该部分制作的动画渲染输出，渲染效果如右图所示。

01 　进行输出前的设置，单击右上角渲染设置按钮 图标，弹出"Render Settings（渲染设置）"对话框，设置参数如图2-39所示。

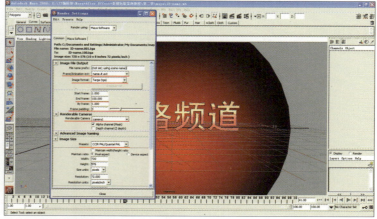

图2-39　设置渲染参数1

02 　切换到"Maya Software（Maya软件渲染）"选项卡进行参数设置，参数设置如图2-40所示。

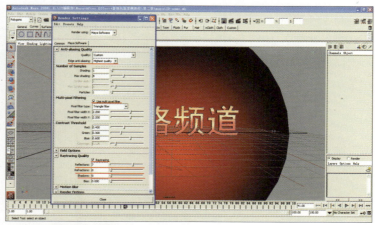

图2-40　设置渲染参数2

03 切换到摄影机视图，单击右上角⚏渲染开关按钮，弹出名为"Render Window Panel 1（渲染窗口）"对话框，显示的图片就是我们制作的材质和模型的最后效果，如图2-41所示。

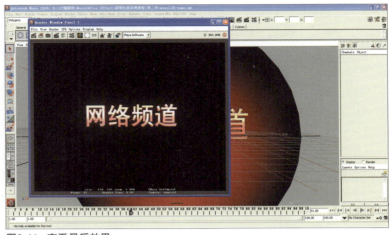

图2-41　查看最后效果

04 执行"File（文件）> Project（项目）>New（新建）"命令，如图2-42所示。

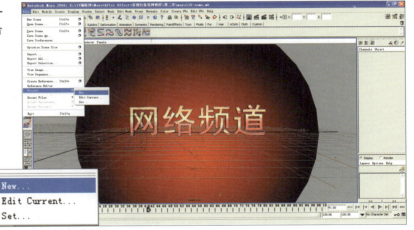

Project	▶	New...
Recent Files	▶	Edit Current...
Recent Increments	▶	Set...

图2-42　新建项目

05 弹出名为"New Project（新建项目）"的对话框，设置参数如图2-43所示。

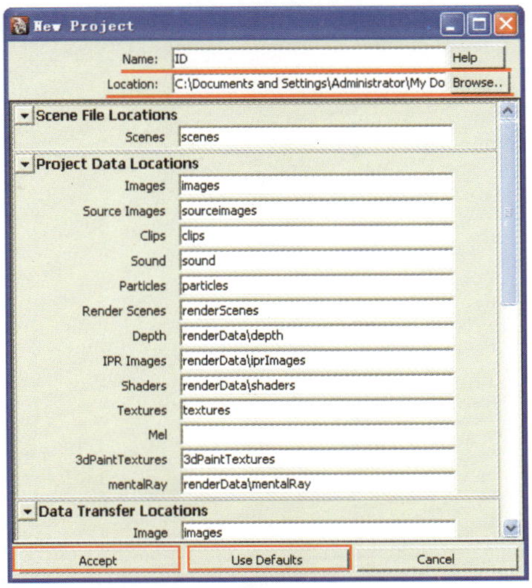

图2-43　项目参数设置

06 按键盘[F6]键切换到Re-ndering模式，执行"Render（渲染）>Batch Render（批处理渲染）"命令，将动画渲染成序列图片，以便进行后期合成，如图2-44所示。

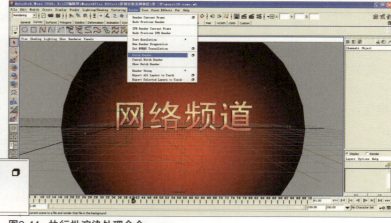

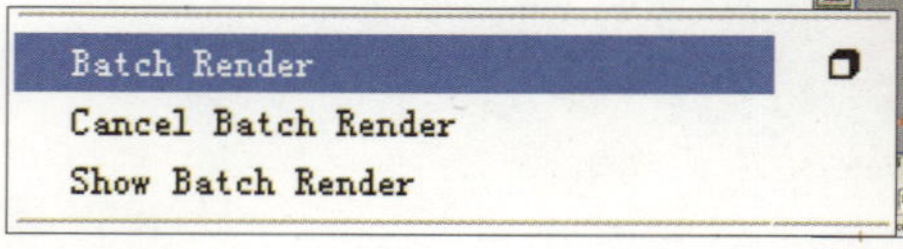

图2-44 执行批渲染处理命令

07 单击右下角◨图标，弹出名为"Script Editor（脚本编辑器）"的对话框，可以查看渲染帧数进程，如图2-45所示。

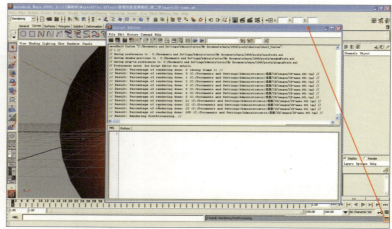

图2-45 查看脚本编辑器

08 当渲染到100帧时，画面文字不再变动后，按[Ctrl+S]组合键，弹出名为"Save（保存）"的对话框，将文件进行保存，如图2-46所示。

图2-46 保存文件

【2.2 制作频道元素 "@" 符号】

下面将要讲解制作频道元素 "@" 符号的方法，其中会运用动力学粒子进行粒子替换，以及一些MEL语言和表达式，MEL在Maya中是不可或缺的重要组成部分。

2.2.1 制作 "@" 符号模型

首先，我们来制作 "@" 符号的模型，模型效果如右图所示。

01 打开Maya软件，单击 "Create（创建）>Text（文字）" 命令后的 ▣ 图标，如图2-47所示。

图2-47　输入符号

02 在弹出的 "Text Curves Options（文字曲线选项）" 对话框的 "Text（文字）" 栏中输入 "@" 符号，选择 "Type（类型）" 为 "Bevel（倒角）" 选项，设置参数如图2-48所示。

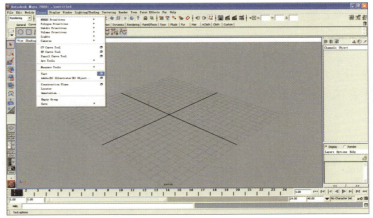

图2-48　设置倒角类型和参数

03 执行"Modify（修改）>
Center Pivot（中心枢轴点）"
命令,参数设置如图2-49所示。

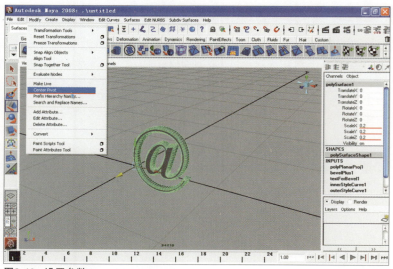

图2-49　设置参数

2.2.2 制作"@"符号材质

至此,模型已经制作完成了。接下来
我们为模型加上材质,加上材质后的效果
如右图所示。

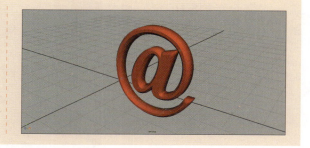

01 执行"Window（窗口）>
Rendering Editors（渲染编辑
器）>Hypershade（超链接材质
编辑器）"命令,打开材质编辑
器,双击名为"lambert1"的材
质球,打开编辑材质球属性对
话框,如图2-50所示。

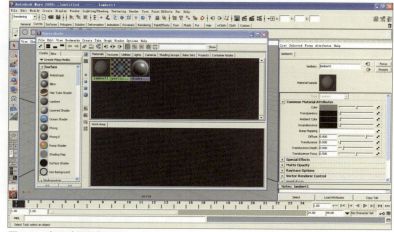

图2-50　打开材质编辑器

02 单击"Color（颜色）"后的颜色条，弹出"Color Chooser（颜色设置）"的对话框，参数设置如图2-51所示。

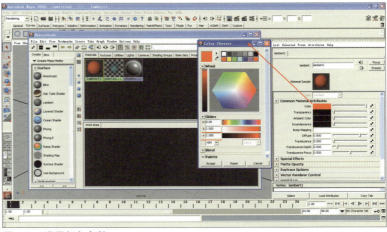

图2-51　设置颜色参数

03 在渲染设置对话框中，切换到"Maya Software（Maya 软件渲染）"选项卡进行参数设置，如图2-52所示。

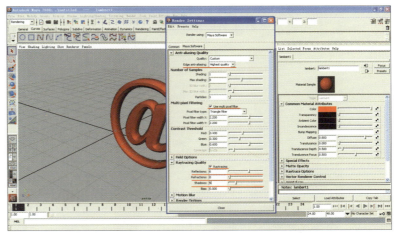

图2-52　设置渲染参数

04 单击渲染开关，预览渲染效果，如图2-53所示。

图2-53　预览渲染效果

2.2.3 制作 "@" 符号粒子

下面我们来将 "@" 符号制作为粒子，制作完成的效果如右图所示。

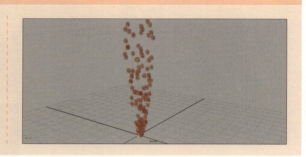

01 按键盘 [F5] 键切换到 "Dynamics（动力学）" 模式，执行 "Particles（粒子）> Create Emitter（创建发射器）" 命令，创建粒子发射器，如图2-54所示。

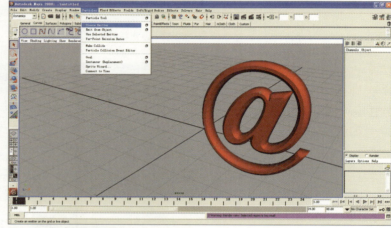

图2-54　创建粒子发射器

02 改变时间轴的长度为200帧，然后单击右下角的播放按钮，当有粒子释放出后，停止播放，然后选择场景内的粒子，如图2-55所示。

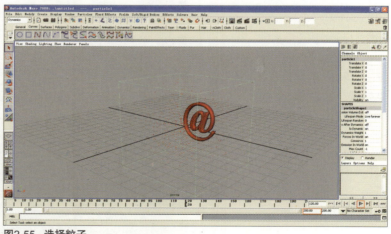

图2-55　选择粒子

03 选择场景内的粒子，单击"Field（场）>Gravity（重力场）"命令后的 □ 图标，弹出名为"Gravity Options（重力场选项）"对话框，设置参数如图2-56所示。

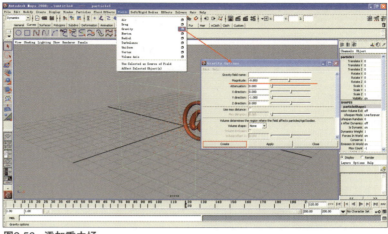

图2-56 添加重力场

04 单击右下角播放按钮，可以看到粒子释放出后向上飞。选择场景内的粒子，在属性对话框中设置参数如图2-57所示。

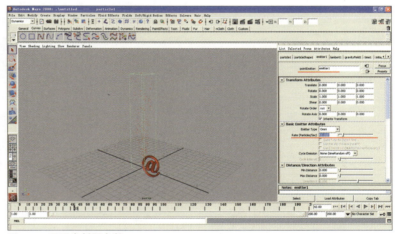

图2-57 设置发射器参数

05 先选择"@"符号模型，然后按住键盘[Shift]键选择粒子，执行"Particle（粒子）>Instancer（Replacement）（替代）"命令，如图2-58所示。

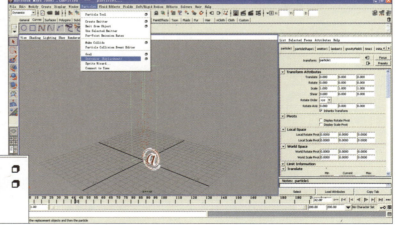

图2-58 执行粒子替代命令

2.2.4 编写 "@" 粒子特效语言

接下来，我们要用MEL语言编写粒子特效语言，编写语言后的粒子效果如右图所示。

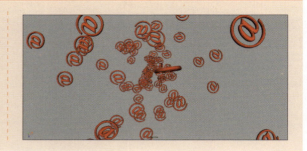

01 单击右下角播放 ▶ 按钮，可以看到释放出的粒子就变为 "@" 图标。选择粒子在属性框中，设置参数如图2-59所示。

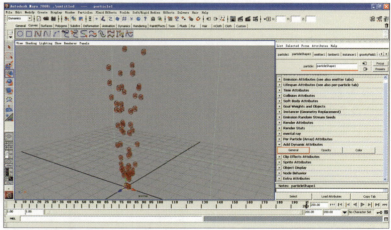

图2-59　添加动力学属性

02 弹出名为 "Add Attributes：particleShape1（添加动力学属性）" 对话框，设置参数如图2-60所示。

图2-60　添加矢量属性

03 右键单击新添加的"da_xiao"属性,选择"Runtime Expression Before Dynamics(创建动力学前表达式)"命令,如图2-61所示。

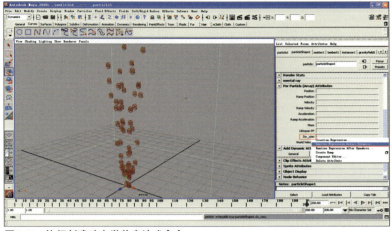

图2-61 执行创建动力学前表达式命令

04 在"Expression Editor(编辑表达式)"对话框中,输入表达式如图2-62所示。

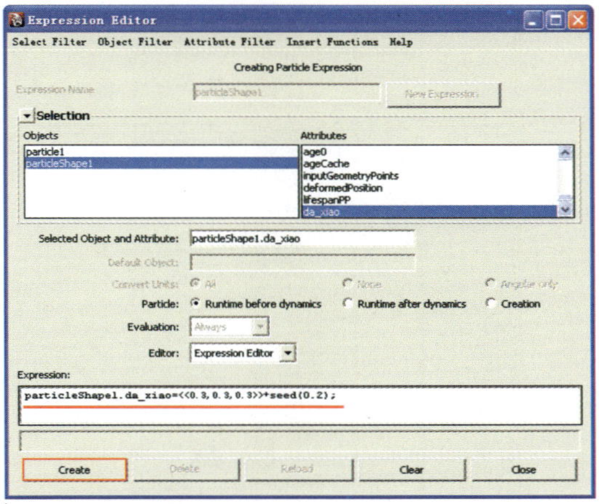

图2-62 编写表达式

05 按照同样的方法再添加一个属性,参数设置如图2-63所示。

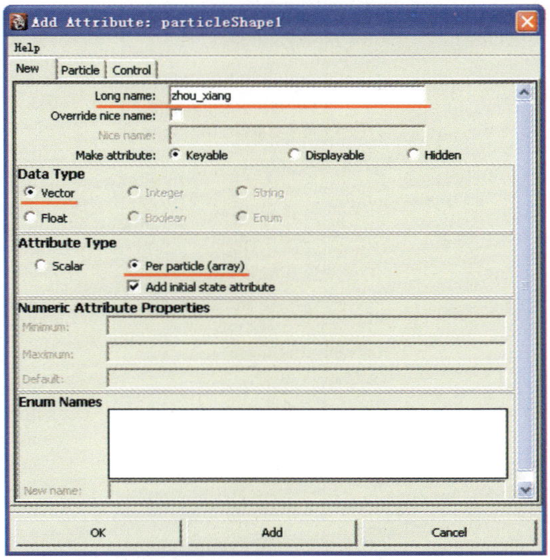

图2-63 添加矢量属性

06 右击新添加的"zhou_xiang"属性,选择"Runtime Expression Before Dynamics(创建动力学前表达式)"命令,弹出"Expression Editor(编辑表达式)"对话框,输入表达式如图2-64所示。

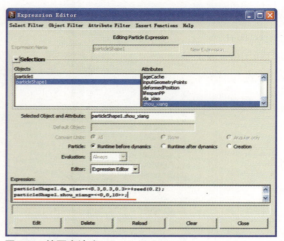

图2-64 编写表达式

07 在属性框中设置参数如图2-65所示。

图2-65 设置参数

08 查看设置后的效果,如图2-66所示。

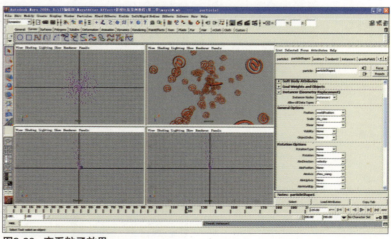

图2-66 查看粒子效果

2.2.5 输出"@"粒子场景动画

完成粒子设置之后，我们接下来把粒子动画渲染输出，粒子动画的效果如下图所示。

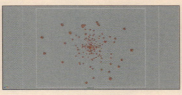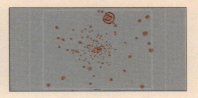

01 在场景中添加一个摄影机，位置和角度参数设置如图2-67所示。

图2-67 创建摄影机并设置参数

02 接下来进行输出前的设置，单击右上角渲染设置按钮 图标，弹出名为"Render Settings（渲染设置）"对话框，两个选项卡的参数设置如图2-68所示。

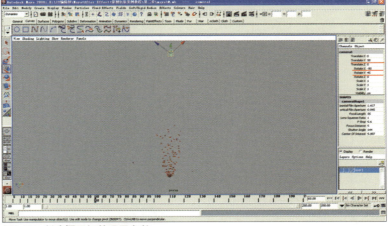

图2-68 设置渲染参数

03 执行"File（文件）> Project（项目）>New（新建）"命令，弹出名为"New Project（新建项目）"的对话框，参数设置如图2-69所示。

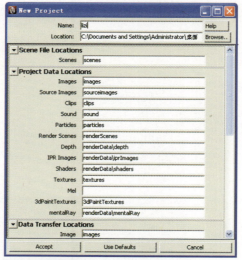

图2-69 新建项目

04 按键盘[F6]键切换到Rendering模式，执行"Render（渲染）>BatchRender（批处理渲染）" 命令，将之前我们做的动画渲染成序列图片，以便进行后期合成，如图2-70所示。

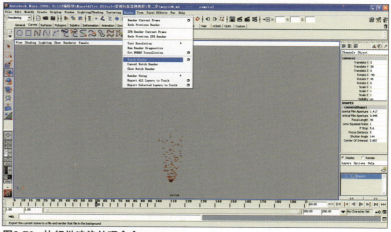

图2-70 执行批渲染处理命令

05 渲染完成后，保存文件，如图2-71所示。

图2-71 保存文件

2.3 鼠标的制作

下面我们来制作本例中的最后一个元素——鼠标。在此我们不再详细讲解鼠标的模型制作方法，而是利用已有的模型素材，这样可以提高工作效率。

2.3.1 制作鼠标模型材质

首先，我们来制作材质，此时要制作水晶效果的材质，如右图所示。

01 打开随书光盘："第二章\素材\鼠标模型>shu_biao.mb"文件。执行"Window（窗口）>Rendering Editors（渲染编辑器）>Hypershade（超链接材质编辑器）"命令，打开材质编辑器，单击左边的"Blinn"材质球，会在右边的上下栏中分别新创建名为"blinn1"的材质球，按键盘[Ctrl+A]组合键，打开属性框，如图2-72所示。

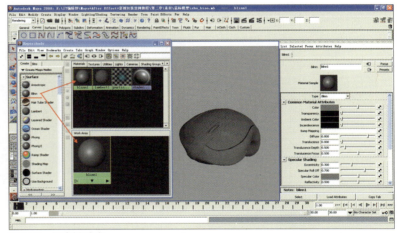

图2-72 创建材质球

02 在属性框中进行参数设置，具体参数如图2-73所示。

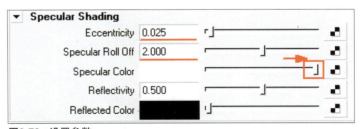

图2-73 设置参数

03 单击"Reflectivity（折射率）"属性后的 ▦ 图标，弹出名为"Create Render Node（创建渲染节点）"的对话框，单击"Ramp（渐变）"按钮，如图2-74所示。

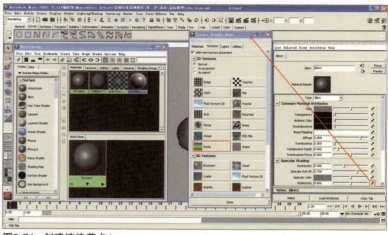

图2-74　创建渲染节点1

04 在编辑渐变属性框中，单击颜色条旁的圆圈，显示为选中该颜色控制区域，单击"Selected Color（选择颜色）"后的颜色条，在弹出的"Color Chooser（颜色设置）"对话框中选择颜色，如图2-75所示。

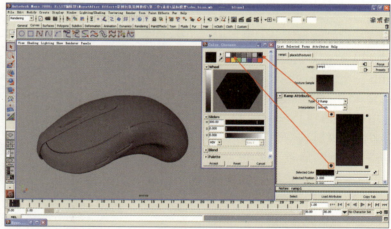

图2-75　设置渐变颜色

05 单击 "Reflected Color（反射颜色）"属性后的 ▦ 图标，弹出名为"Create Render Node（创建渲染节点）"的对话框，单击"Env Chrome（环境色度）"按钮，如图2-76所示。

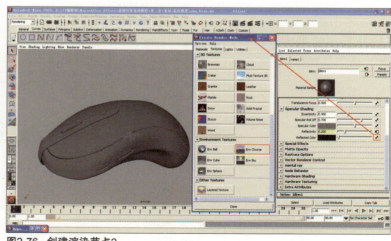

图2-76　创建渲染节点2

06 在编辑环境属性对话框中，参数设置如图2-77所示。

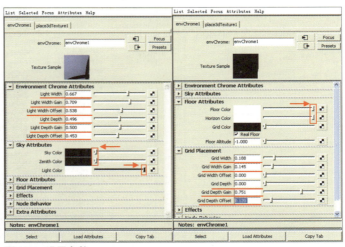

图2-77　设置参数

07 单击Transparency（透明度）"属性后的 图标，弹出名为"Create Render Node（创建渲染节点）"的对话框，单击"Ramp（渐变）"按钮，如图2-78所示。

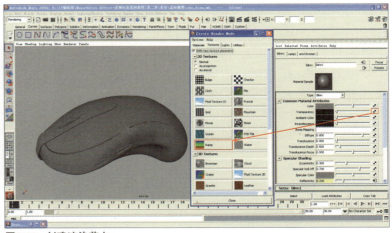

图2-78　创建渲染节点

08 在编辑渐变属性框中，单击颜色条旁最上边圆圈，显示为选中该颜色控制区域，单击"Selected Color（选择颜色）"后的颜色条，在弹出的名为"Color Chooser（颜色设置）" 对话框中选择颜色，如图2-79所示。

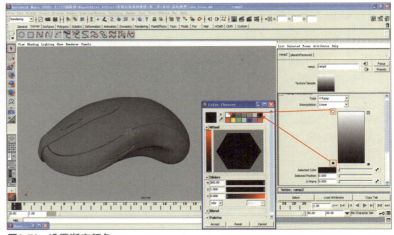

图2-79　设置渐变颜色

09 右键单击"blinn1"材质球，选择"Graph Network（展开材质链接）"命令，如图2-80所示。

图2-80　展开材质链接

10 单击左边的"Sampler Info（采样）"节点，会在右边的下栏中新创建名为"sampler Info1"的节点，按住鼠标中键将"sampler Info1"节点拖到图所示的节点上，选择"Default（默认）"命令，如图2-81所示。

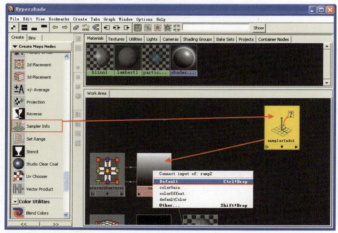

图2-81　关联节点

11 弹出名为"Connection Editor（编辑关联属性）"的对话框，首先选择左边一栏的"facingRatio"属性，再选择右边一栏的"uv Coord>v Coord"属性，最后单击"Close（关闭）"按钮，如图2-82所示。

图2-82　编辑关联属性

12 单击左边的"SamplerInfo（采样）"节点，会在右边的下栏中新创建名为"samplerInfo2"的节点，按住鼠标中键，将"sampler Info2"节点拖到如图所示的节点上，选择"Default（默认）"命令，如图2-83所示。

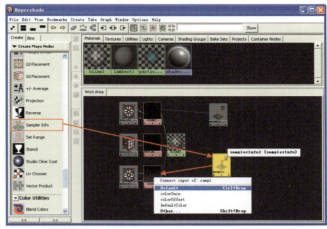

图2-83　关联节点

13 弹出名为"Connection Editor（编辑关联属性）"的对话框，首先选择左边一栏的"facingRatio"属性，再选择右边一栏的"uvCoord>vCoord"属性，最后单击"Close（关闭）"按钮，如图2-84所示。

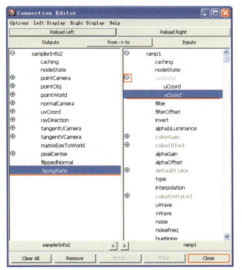

图2-84　编辑关联属性

14 单击"blinn1"材质球，执行材质编辑器的菜单"Edit（编辑）>Duplicate（复制）>Shading Network（阴影网络）"命令，复制"blinn1"材质球生成名为"blinn2"的材质球，如图2-85所示。

图2-85　复制材质球

15 双击"blinn2"材质球,打开属性框,弹出名为"Attribute Editor:blinn2(编辑属性)"的对话框,单击"Reflectivity(折射率)"属性后的 📁 图标,如图2-86所示。

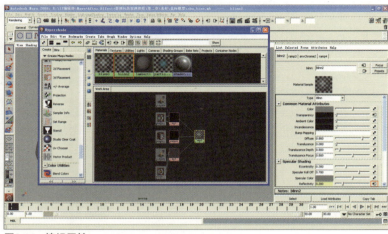

图2-86 编辑属性

16 在编辑渐变属性框中,单击颜色条旁最上边圆圈,显示为选中该颜色控制区域,单击"Selected Color(选择颜色)"后的颜色条,弹出名为"Color Chooser(颜色设置)"的对话框,设置参数如图2-87所示。

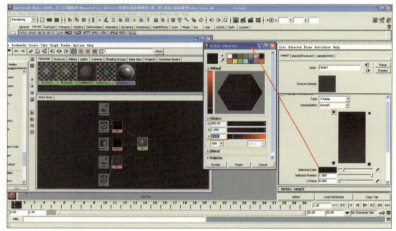

图2-87 设置颜色

17 单击左边的"Blinn"材质球,会在右边的上下栏中分别新创建名为"blinn3"的材质球,按键盘[Ctrl+A]组合键,打开属性框,如图2-88所示。

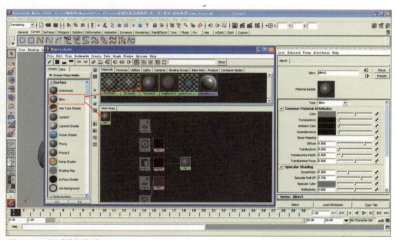

图2-88 新建材质球

18 单击"Color（颜色）"属性后的 图标，弹出"Create Render Node（创建渲染节点）"的对话框，切换到Utilities选项卡，单击"Blend Colors（混合颜色）"按钮，如图2-89所示。

图2-89　创建混合颜色节点

19 在编辑混合颜色属性框中，将属性"Color1和Color2"后的滑条移动到开始位置，单击"Blender（混合）"属性后的 图标，弹出名为"Create Render Node（创建渲染节点）"的对话框，单击"Samper Info（信息采样节点）"按钮，如图2-90所示。

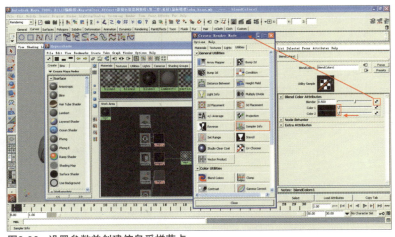

图2-90　设置参数并创建信息采样节点

20 弹出"Connection Editor（编辑关联属性）"对话框，首先选择左边一栏的"facing Ratio"属性，再选择右边一栏的"blender"属性，最后单击"Close（关闭）"按钮，如图2-91所示。

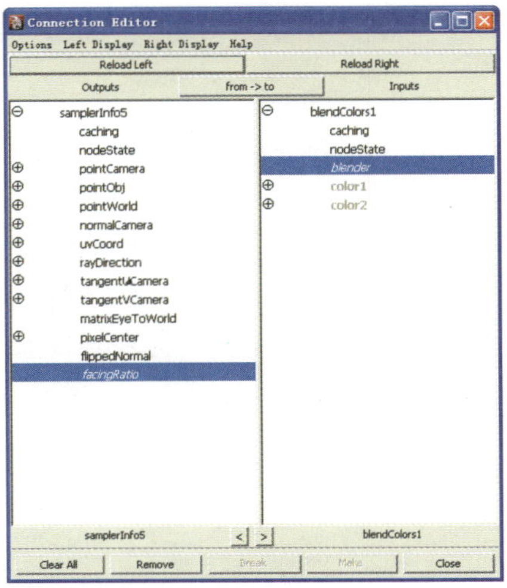

图2-91　编辑关联属性

21 对属性进行参数设置，参数设置，如图2-92所示。

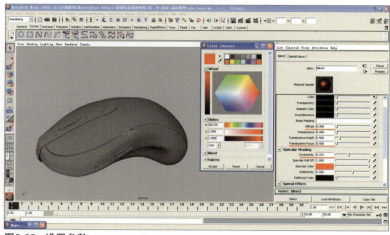

图2-92　设置参数

22 单击"Reflected Color（环境颜色）"属性后的 ■ 图标，弹出"Create Render No-de（创建渲染节点）"对话框，单击"Env Ball（环境球）"按钮，如图2-93所示。

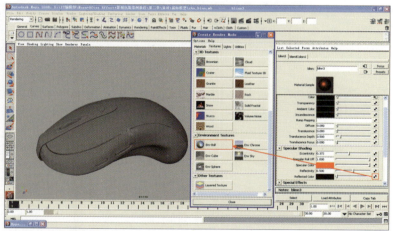

图2-93　创建渲染节点

23 在编辑环境球属性框中，设置参数如图2-94所示。

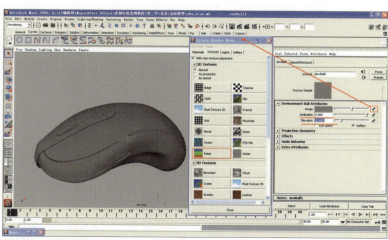

图2-94　设置环境球参数

24 在编辑渐变属性框中，设置渐变的颜色如图2-95所示。

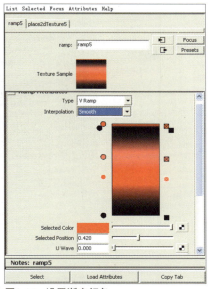

图2-95 设置渐变颜色

25 展开"blinn3"材质球的材质链接双击图中所示的图标，在编辑纹理属性框中，设置参数如图2-96所示。

图2-96 设置纹理参数

26 单击左边的"Layered Shader"材质球按钮，会在右边的上下栏中分别新创建名为"layeredShader1"的材质球，按键盘[Ctrl+A]组合键，打开编辑属性对话框，如图2-97所示。

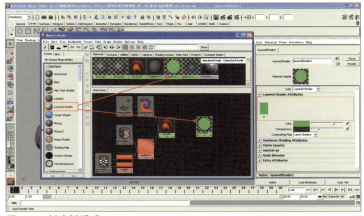

图2-97 新建材质球

27 按住鼠标中键,分别将"blinn1"、"blinn2"、"blinn3"材质球拖到图中所示的位置,最后单击"layeredShader1"材质球属性内的原绿色方条下的差号,如图2-98所示。

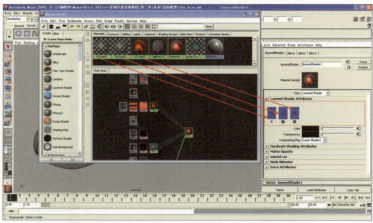

图2-98　设置材质球参数

28 选择物体要添加材质的部分,右键单击"Layered Shader1"材质球,选择"Assign Material To Selection(将材质赋予选择物体上)"命令,如图2-99所示。

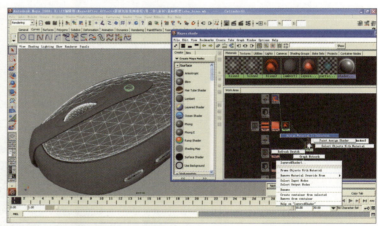

图2-99　将材质赋予选择物体上

29 单击右上角的 图标,切换到"Maya Software(Maya软件渲染)"选项卡,进行参数设置,如图2-100所示。

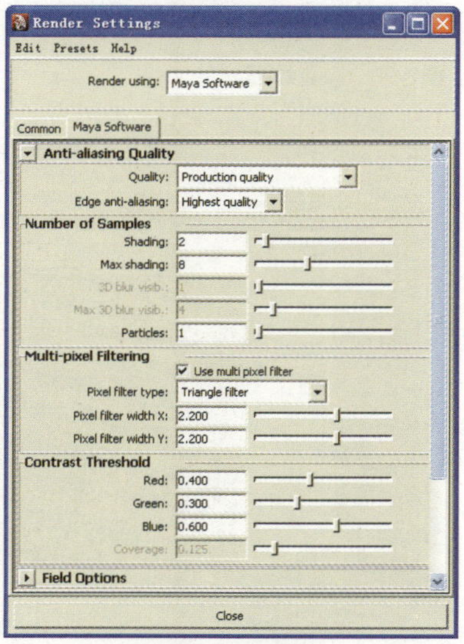

图2-100　设置软件渲染参数

30 单击右上角渲染开关图标 📷，弹出"Render Window Panel 1（渲染窗口）"的对话框，显示的图片就是我们制作的材质和模型的最后效果，如图2-101所示。

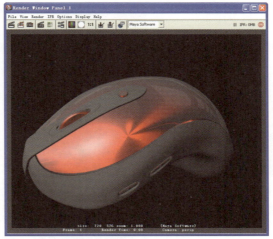

图2-101 查看渲染效果1

31 导入随书光盘："第二章\素材\材质球\cai_zhi.mb"文件，选择"LayeredShader"材质球物体要添加材质的部分，右键单击选择"Assign Material To Selection（将材质赋予选择物体上）"命令，如图2-102所示。

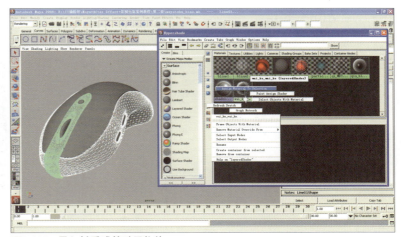

图2-102 导入材质球并赋予物体

32 单击右上角渲染开关图标 📷，弹出"Render Window Panel 1（渲染窗口）"的对话框，显示的图片就是我们制作的材质和模型的最后效果，如图2-103所示。

图2-103 查看渲染效果2

2.3.2 制作鼠标动画

接下来，我们开始制作鼠标动画。制作完成的动画效果如下图所示。

01 打开随书光盘："第二章\素材\鼠标动画"文件，打开名为"dong_hua1"的文件，单击右下角的播放按钮 ▶，可以预览动画，单击右上角的渲染按钮 ，弹出名为"Render Window Panel 1（渲染窗口）"对话框，显示单帧图片，如图2-104所示。

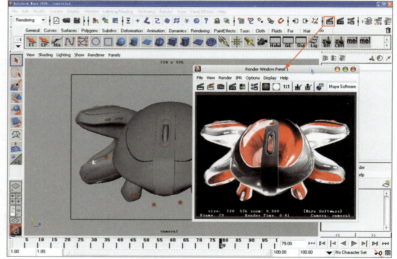

图2-104　渲染动画1

02 复制多个鼠标，选择其中一个鼠标进行动画设置，第1帧位置记录动画为"Rotate X为0.956，Rotate Y为-13.609，Rotate Z为-5.425，Scale X为0，ScaleY为0，Scale Z为0"，如图2-105所示。

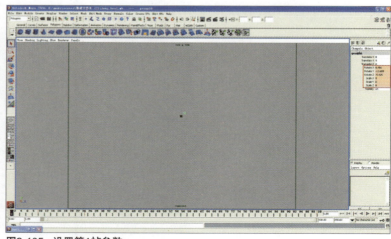

图2-105　设置第1帧参数

03 第10帧位置记录动画为"Rotate X为0.956，Rotate Y为-13.609，Rotate Z为-5.425，Scale X为1，Scale Y为1，Scale Z为1"，如图2-106所示。

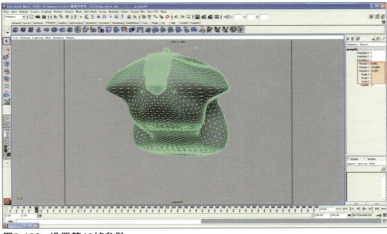

图2-106　设置第10帧参数

04 第25帧位置记录动画为"Rotate X为-4.907，Rotate Y为-14.114，Rotate Z为26.4，Scale X为1，Scale Y为1，Scale Z为1"，如图2-107所示。

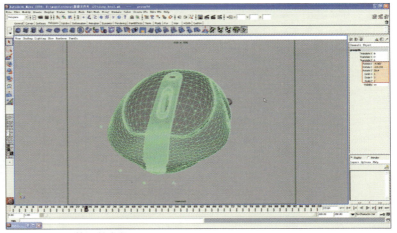

图2-107　设置第25帧参数

05 第100帧位置记录动画为"Rotate X为-4.907，Rotate Y为-14.995，Rotate Z为26.4，Scale X为1，Scale Y为1，Scale Z为1"，如图2-108所示。

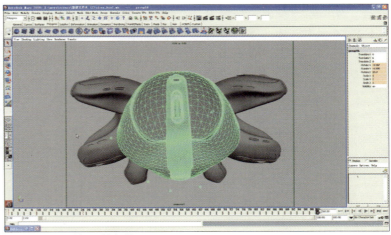

图2-108　设置第100帧参数

06 选择第2个鼠标进行动画设置，第20帧位置记录动画为"Rotate X为12.432，Scale X为0，Scale Y为0，Scale Z为0"，如图2-109所示。

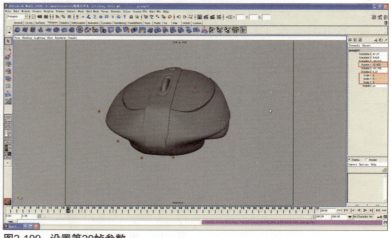

图2-109 设置第20帧参数

07 第25帧位置记录动画为"Rotate X为12.432，Scale X为0.187，Scale Y为0.187，Scale Z为0.187"，如图2-110所示。

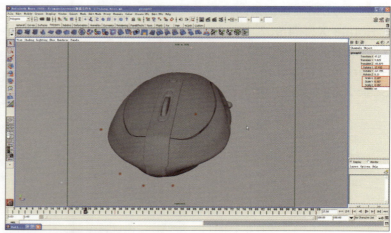

图2-110 设置第25帧参数

08 第35帧位置记录动画为"Rotate X为9.35，Scale X为0.576，Scale Y为0.576，Scale Z为0.576"，如图2-111所示。

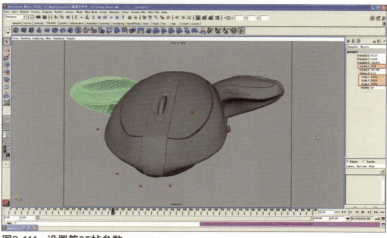

图2-111 设置第35帧参数

09 第100帧位置记录动画为
"Rotate X为-10.681, Scale
X为0.576, Scale Y为0.576,
Scale Z为0.576", 如图2-112
所示。

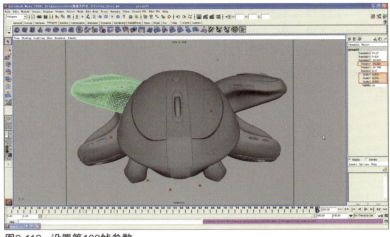

图2-112 设置第100帧参数

10 选择第3个鼠标进行动
画设置, 第20帧位置记录动画
为"Rotate X为-9.978, Scale
X为0, Scale Y为0, Scale Z为
0", 如图2-113所示。

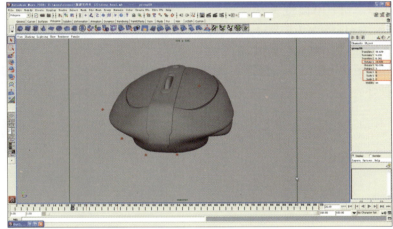

图2-113 设置第20帧参数

11 第25帧位置记录动画为
"Rotate X为-9.978, Scale
X为0.203, Scale Y为0.203,
Scale Z为0.203", 如图2-114
所示。

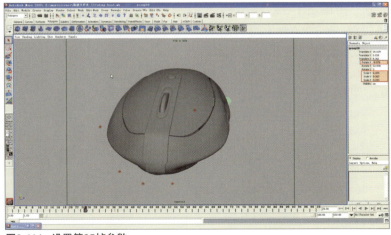

图2-114 设置第25帧参数

12 第35帧位置记录动画为
"Rotate X为-7.94， Scale X
为0.576，Scale Y为0.576，
Scale Z为0.576"，如图2-115
所示。

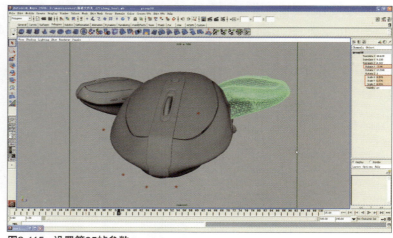

图2-115 设置第35帧参数

13 第100帧位置记录动画
为"Rotate X为5.304，Scale
X为0.576，Scale Y为0.576，
Scale Z为0.576"，如图2-116
所示。

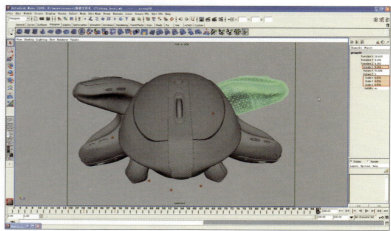

图2-116 设置第100帧参数

14 选择第4个鼠标进行动
画设置，第30帧位置记录动画
为"Rotate X为11.071， Scale
X为0，Scale Y为0，Scale Z为
0"，如图2-117所示。

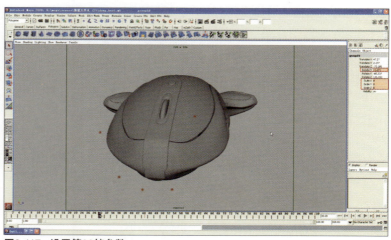

图2-117 设置第30帧参数

15 第45帧位置记录动画为
"Rotate X为13.733, Scale
X为0.576, Scale Y为0.576,
Scale Z为0.576", 如图2-118
所示。

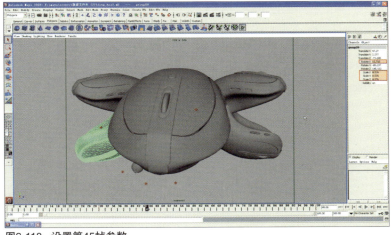

图2-118 设置第45帧参数

16 第100帧位置记录动画为
"Rotate X为23.494, Scale
X为0.576, Scale Y为0.576,
Scale Z为0.576", 如图2-119
所示。

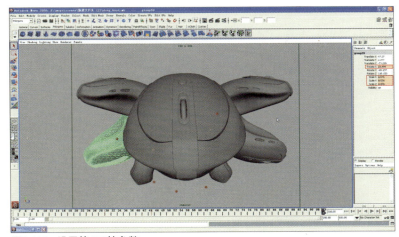

图2-119 设置第100帧参数

17 选择第5个鼠标进行动
画设置, 第30帧位置记录动画
为"Rotate X为-47.071, Scale
X为0, Scale Y为0, Scale Z为
0", 如图2-120所示。

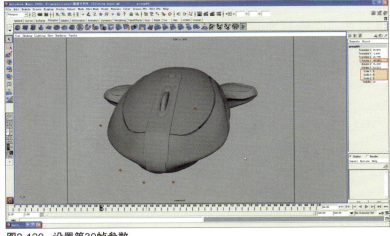

图2-120 设置第30帧参数

18 第45帧位置记录动画
为"Rotate X为-48.695,
Scale X为0.576, Scale Y为
0.576, Scale Z为0.576",
如图2-121所示。

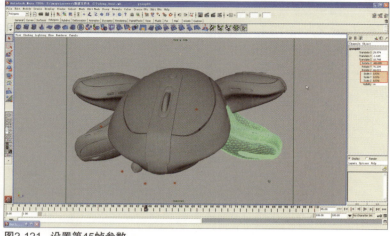

图2-121 设置第45帧参数

19 第100帧位置记录动画
为"Rotate X为-54.649,
Scale X为0.576, Scale Y为
0.576, Scale Z为0.576",
如图2-122所示。

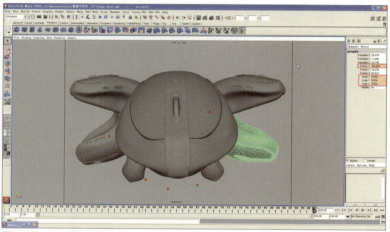

图2-122 设置第100帧参数

20 选择第6个鼠标进行动
画设置,第45帧位置记录动
画为"Rotate X为-12.239,
Rotate Y为-19.99, Rotate
Z为93.672, Scale X为0,
Scale Y为0, Scale Z为0",
如图2-123所示。

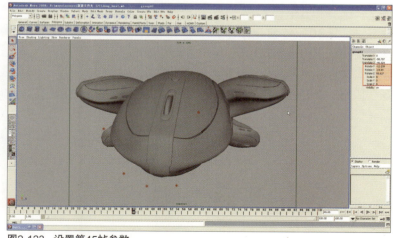

图2-123 设置第45帧参数

21 第55帧位置记录动画为"Rotate X为-13.55, Rotate Y为-18.666, Rotate Z为98.279, Scale X为0.259, Scale Y为0.259, Scale Z为0.259",如图2-124所示。

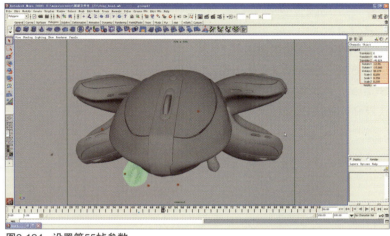

图2-124　设置第55帧参数

22 第100帧位置记录动画为"Rotate X为-20.104, Rotate Y为-12.046, Rotate Z为121.046, Scale X为0.259, Scale Y为0.259, Scale Z为0.259",如图2-125所示。

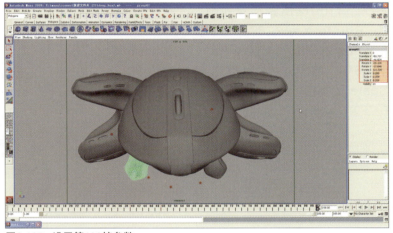

图2-125　设置第100帧参数

23 选择第7个鼠标进行动画设置,第45帧位置记录动画为"Rotate X为-17.697, Rotate Y为18.76, Rotate Z为78.218, Scale X为0, Scale Y为0, Scale Z为0",如图2-126所示。

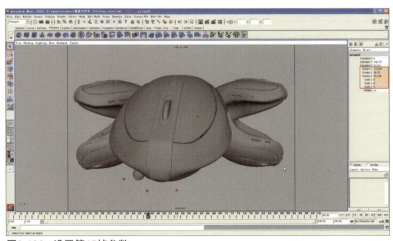

图2-126　设置第45帧参数

24 第55帧位置记录动画为"Rotate X为-15.674，Rotate Y为19.851，Rotate Z为83.563， Scale X为0.259，Scale Y为0.259，Scale Z为0.259"，如图2-127所示。

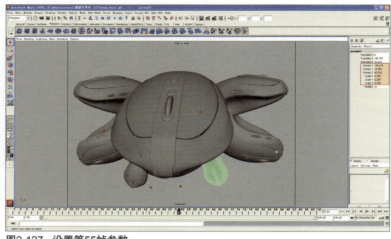

图2-127　设置第55帧参数

25 第100帧位置记录动画为"Rotate X为-6.572，Rotate Y为24.765，Rotate Z为107.615， Scale X为0.259，Scale Y为0.259，Scale Z为0.259"，如图2-128所示。

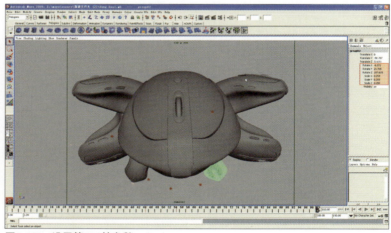

图2-128　设置第100帧参数

26 打开随书光盘："第二章\素材\鼠标动画"文件，打开名为"dong_hua2"的文件，单击右下角的播放按钮▶，可以预览动画，单击右上角的渲染按钮，弹出名为"Render Window Panel 1（渲染窗口）"对话框，显示单帧图片，如图2-129所示。

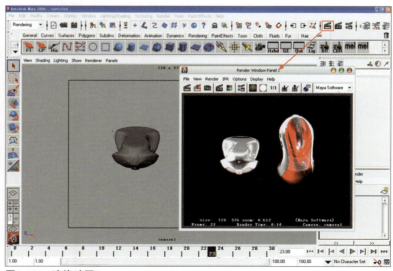

图2-129　渲染动画2

27 打开随书光盘："第二章\素材\鼠标动画"文件,打开名为"dong_hua3"的文件,单击右下角播放按钮 ▶,可以预览动画,单击右上角的渲染按钮 ☜,弹出名为"Render Window Panel 1（渲染窗口）"对话框,显示单帧图片,如图2-130所示。

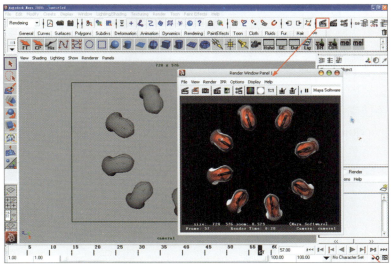

图2-130　渲染动画3

28 打开随书光盘："第二章\素材\鼠标动画"文件,打开名为"dong_hua4"的文件,单击右下角的播放图标 ▶,可以预览动画,单击右上角的渲染按钮 ☜,弹出名为"Render Window Panel 1（渲染窗口）"对话框,显示单帧图片,如图2-131所示。

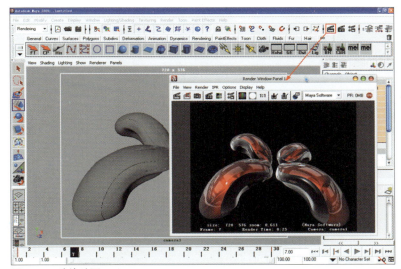

图2-131　渲染动画4

29 打开随书光盘："第二章\素材\鼠标动画"文件，打开名为"dong_hua5"的文件，单击右下角播放按钮 ▶，可以预览动画，单击右上角的渲染按钮 ✎，弹出名为"Render Window Panel 1（渲染窗口）"对话框，显示单帧图片，如图 2-132 所示。

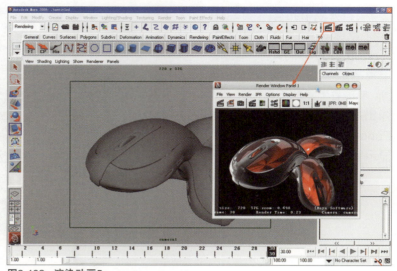

图2-132　渲染动画5

30 执行"File（文件）>Project（项目）>New（新建）" 命令，弹出名为"New Project（新建项目）"的对话框。将路径存放于桌面上，并命名，先单击"Use Defaufts（使用默认）"按钮，然后单击"Accept（接受）"按钮，这样就会在桌面上生成新的文件夹，渲染的图片都将存放到此文件夹中名为"image"的文件夹中。按[F6]键切换到渲染菜单，执行"Render（渲染）>Batch Render（批处理渲染）" 命令，将之前制作的动画渲染成序列图片，以便进行后期合成。

"电影同期声"
频道品格演绎

创意阐述

本章主要讲解如何采用中国古典水墨画效果展现画面，其中，要运用高纯度的颜色点缀画面，使其更具有中国韵味。

镜头阐述

第一个镜头花瓣绽放，白鸽子飞入画面中；第二个镜头鸽子增多，雨点下落；第三个镜头流动的云从画面两侧飘入，下方浮现花岛。

技术要点

本章主要学习制作花瓣生长动画，以及如何运用动力学流体制作动态云。其中，粒子发射和后期校色为本章的精髓和难点。

创意分镜头

【3.1 文字的制作】

首先我们来制作频道的文字标识，它在整个栏目包装中占有很重要的作用。

3.1.1 制作文字模型

首先来制作文字模型，在这里我们采用直接输入文字的方式来制作文字曲线。制作完成的文字模型如右图所示。

01 打开Maya软件，创建文字的曲线，单击"Create（创建）>Text（文字）"命令后的 图标，如图3-1所示。

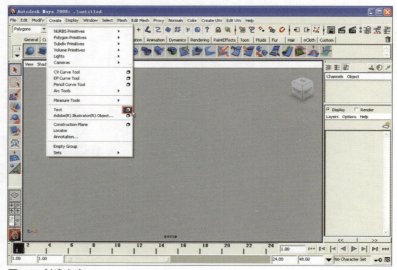

图3-1　创建文字

02 在弹出的"Text Curve Options（文字曲线选项）"对话框中输入文字"电影同期声"，设置字体后，单击Create（创建）按钮，如图3-2所示。

图3-2　输入文字

03 单击"Surfaces（曲面）>
Bevel Plus（倒角插件）"命令
后的 ▣ 图标，弹出命令参数
调节对话框，参数设置如图3-3
所示。

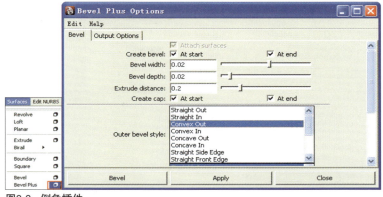

图3-3　倒角插件

04 逐一选择曲线，单击
"Apply（执行）"按钮，如
图3-4所示。

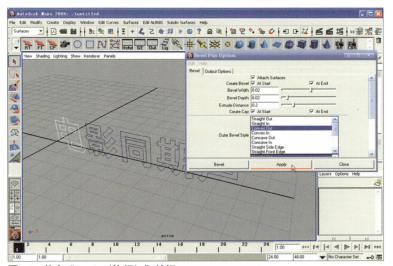

图3-4　单击"Apply（执行）"按钮

05 按[F3]键切换到"Poly-
gons（多边形）"模式，选择场
景内所有的模型，执行"Mesh
（网格物体）>Combine（合
并）"命令，将所有模型合并为
一个整体，如图3-5所示。

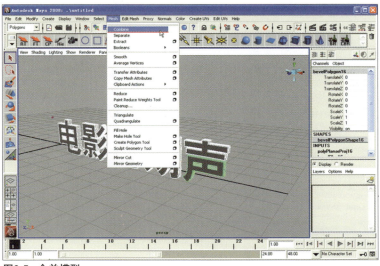

图3-5　合并模型

06 执行"Edit（编辑）> De-
lete by Type（删除类型）> His-
tory（当前历史）"命令，删除模
型与曲线之间的关联历史，如图
3-6所示。

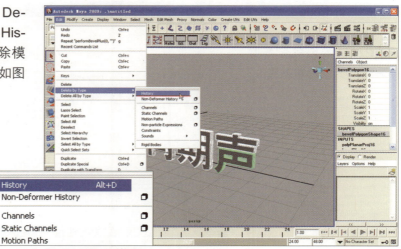

图3-6　删除历史记录

07 执行"Modify（修改）>
Center Pivot（中心枢轴点）"
命令，将模型的枢轴点移动回
到物体的中心位置，如图3-7
所示。

图3-7　移动枢轴点

08 按[F2]键切换到"Ani-
mation（动画）"模式，执
行"Create Deform（创建变
形）> Lattice（晶格）"命
令，给物体创建变形器，如图
3-8所示。

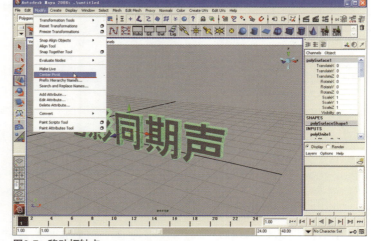

图3-8　创建变形器

09 将参数"T Divisions（T段数）"设置为2，单击鼠标右键，拖动选择Lattce Point（晶格点）命令，如图3-9所示。

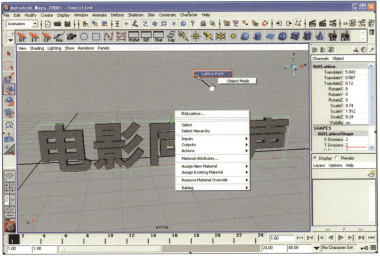

图3-9 设置参数

10 选择最上排的晶格点，切换到移动工具，移动晶格点，如图3-10所示。

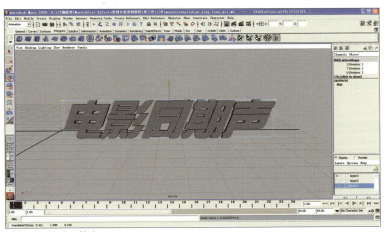

图3-10 移动晶格点

11 用同样的方法移动其他位置的晶格点，最终效果如图3-11所示。

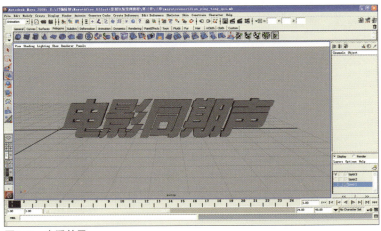

图3-11 查看效果

3.1.2 制作文字材质

制作完文字模型之后，接下来要为文字模型添加材质，添加材质后的文字模型如右图所示。

01 执行 "Window（窗口）>Rendering Editors（渲染编辑器）>Hypershade（超链接材质编辑器）" 命令，打开材质编辑器，如图3-12所示。

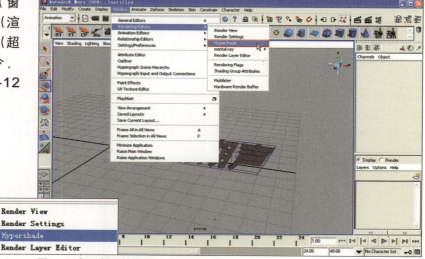

图3-12 打开材质编辑器

02 单击左边的 "Blinn" 材质球按钮，会在右边的上下栏中分别新创建名为 "Blinn1" 的材质球，如图3-13所示。

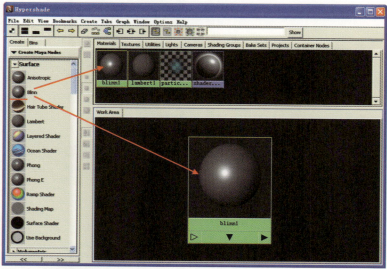

图3-13 创建材质球

03 双击名为"Blinn1"的材质球，弹出编辑材质球属性对话框，单击"Color（颜色）"属性后的颜色图标，弹出名为"Color Chooser（颜色设置）"的对话框，参数设置如图3-14所示。

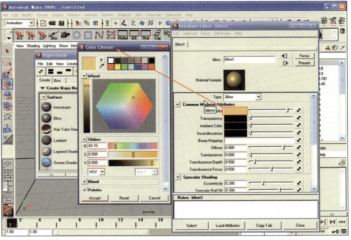

图3-14 颜色设置

04 单击"Ambient Color（环境颜色）"属性后的颜色图标，弹出"Color Chooser（颜色设置）"的对话框，参数设置如图3-15所示。

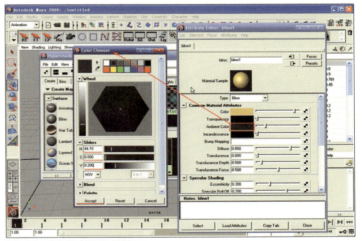

图3-15 编辑环境颜色属性

05 单击"Reflectivity（反射率）"属性后的 图标，弹出名为"Create Render Node（创建渲染节点）"对话框，单击Ramp（渐变）按钮，如图3-16所示。

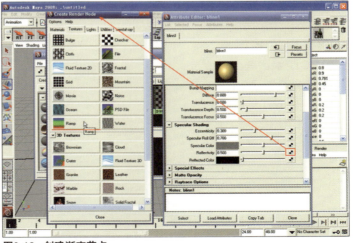

图3-16 创建渐变节点

06 单击颜色条旁的圆圈，显示为选中该颜色控制区域，单击"Selected Color（选择颜色）"后的颜色条，弹出名为"Color Chooser（颜色设置）"对话框，选择图中箭头指示的颜色，如图3-17所示。

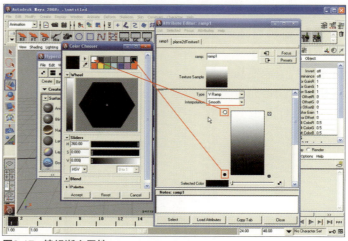

图3-17 编辑渐变属性

07 单击"Reflected Color（反射颜色）"属性后的 ■ 图标，弹出名为"Create Render Node（创建渲染节点）"对话框，单击"Env Ball（环境球）"按钮，如图3-18所示。

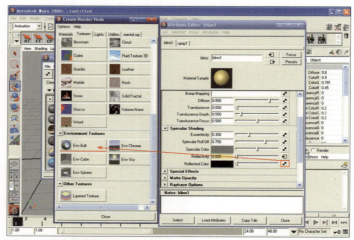

图3-18 创建渲染节点1

08 在编辑环境节点属性对话框中，单击"Image（图片）"属性后的 ■ 图标，弹出名为"Create Render Node（创建渲染节点）"对话框，单击"File（文件）"按钮，如图3-19所示。

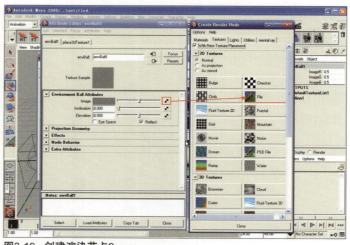

图3-19 创建渲染节点2

09 在编辑文件节点属性对话框中,单击"Image Name (图片名字)"属性后的 图标,弹出"Open (打开)"对话框,打开随书光盘:"第三章\素材\image\Lakerem2.jpg"文件,单击"Open (打开)"按钮,如图3-20所示。

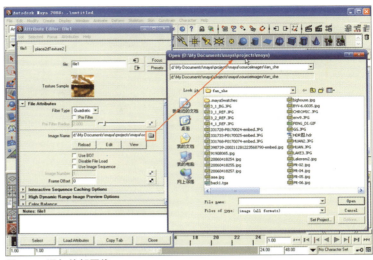

图3-20 添加外部图像

10 回到编辑材质球属性对话框,单击"Specular Color (高光颜色)"属性后的颜色图标,弹出名为"Color Chooser (颜色设置)"对话框,颜色参数设置为"H: 37.28, S: 0.782, V: 0.926"。设置"Sccentricity (高光面积)参数为0.080, Specular Roll Off (高光强度)为0.900,如图3-21所示。

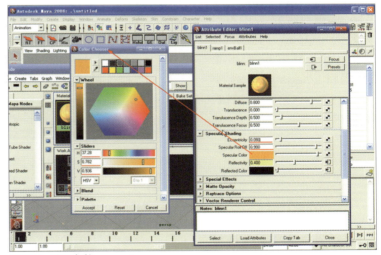

图3-21 设置参数

11 在超链接材质编辑器中选中名为"Blinn1"的材质球,执行"Edit (编辑) > Duplicate (复制) >Shading Network (阴影网格)"命令,复制产生名为"Blinn2"的材质球,如图3-22所示。

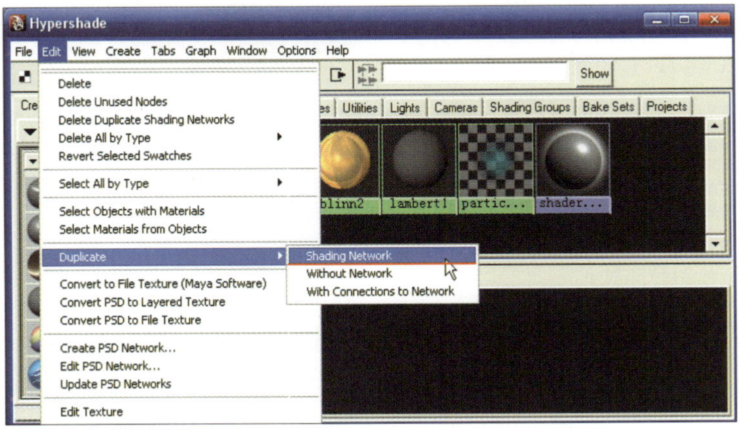

图3-22 复制材质球

12 鼠标放到名为"Blinn2"的材质球上，单击鼠标右键，选择"Graph Network（展开材质链接）"命令，如图3-23所示。

图3-23 展开材质链接

13 双击图中所示节点图标，弹出编辑文件节点属性对话框，单击"Image Name（图片名字）"属性后的 图标，弹出名为"Open（打开）"对话框，打开随书光盘："第三章\素材\image\jin.jpg"文件，单击"Open（打开）"按钮，如图3-24所示。

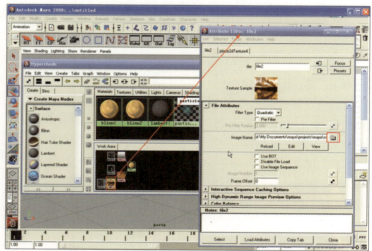

图3-24 变换贴图

14 在场景中选择文字模型后，右键单击"Blinn1"的材质球上，选择"Assign Material Selection（将材质赋予选择物体上）"命令，如图3-25所示。

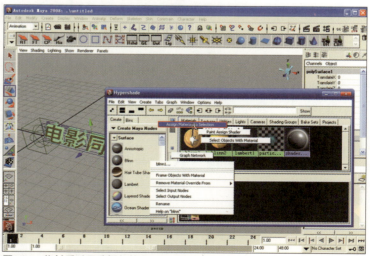

图3-25 将材质赋予选择物体上

15 在场景内单击鼠标右键，选择"face（表面）"显示方式，如图3-26所示。

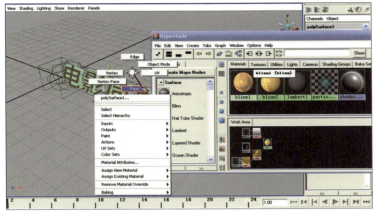

图3-26 选择表面显示方式

16 按住键盘空格键，再单击鼠标右键，选择"Side View（侧视图）"选项，如图3-27所示。

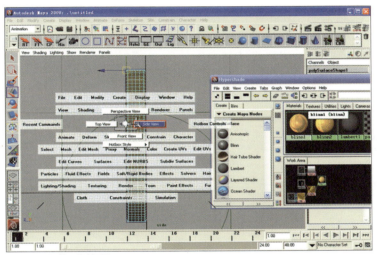

图3-27 切换到侧视图

17 在侧视图中选中模型表面，右键单击"Blinn2"材质球，选择"Assign Material To Selection（将材质赋予选择物体上）"命令，如图3-28所示。

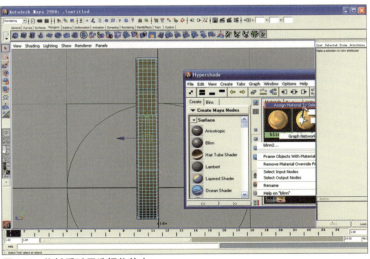

图3-28 将材质赋予选择物体上

18 切换到透视图显示方式，鼠标右键单击模型，选择"Object Mode（物体显示方式）"选项，如图3-29所示。

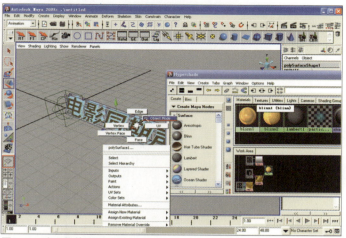

图3-29　改变物体显示方式

19 单击右上角渲染设置按钮，弹出"Render Settings（渲染设置）"对话框，切换到"Maya Software（Maya软件渲染）"选项卡，设置渲染参数，如图3-30所示。

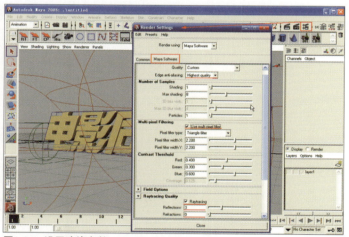

图3-30　设置渲染参数

20 将随书光盘："第三章\素材\light.mb"文件导入到场景中，为场景添加灯光。然后，单击图中所示图标，预览材质效果，如图3-31所示。

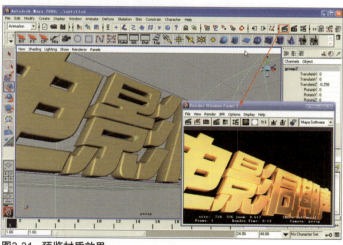

图3-31　预览材质效果

21 在场景中创建一个摄影机,然后切换到摄影视图,预览材质效果,如图3-32所示。

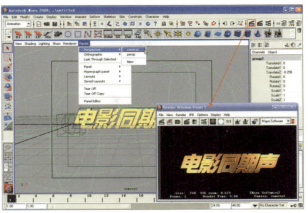

图3-32 查看摄影机视图渲染效果

【3.2 鸽子的制作】

本小节将介绍鸽子的制作方法,包括场景的布光思路,鸽子材质的输入,以及动画的制作。

3.2.1 为鸽子模型添加灯光

首先,我们为已经建模好的鸽子模型添加灯光,会用到点灯光和方向灯光,添加灯光后的效果如右图所示。

01 打开随书光盘:"第三章\素材\bird.mb"文件,如图3-33所示。

图3-33 鸽子的模型

02 执行"Create（创建）>
Light（灯光）>Point Light（点
灯光）"命令，如图3-34所示。

图3-34 创建点灯光

03 按[Ctrl+A]组合键，打开属
性框，设置参数如图3-35所示。

图3-35 设置灯光的参数

04 按[Ctrl+D]组合键复制灯
光，位置摆放如图3-36所示。

图3-36 添加灯光

05 选择最后一个复制产生的灯，按键盘[Ctrl+A]组合键，打开属性框，将Intensity（强度）参数设置为0.661，如图3-37所示。

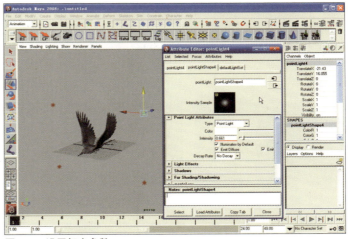

图3-37 设置灯光参数1

06 执行"Create（创建）> Light（灯光）>Directional Light（方向灯）"命令，设置灯光参数RotateX（X轴旋转）为207.095，ScaleXYZ（缩放）为43.171，如图3-38所示。

图3-38 添加灯光并设置参数

07 按键盘[Ctrl+A]组合键，打开属性框，将Intensity（强度）参数设置为0.248，如图3-39所示。

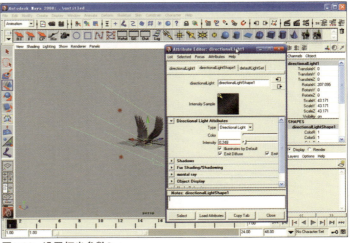

图3-39 设置灯光参数2

3.2.2 为鸽子添加材质并制作动画

　　添加完灯光后，我们接下来为鸽子添加材质并制作动画，制作完成的动画效果如下图所示。

01 执行"Window（窗口）> Rendering Editors（渲染编辑器）>Hypershade（超链接材质编辑器）"命令，打开材质编辑器，单击左边的"Blinn"材质球，会在右边的上下栏中分别新创建名为"Blinn1"的材质球，在编辑材质属性框中单击"Color（颜色）"属性后的颜色图标，弹出名为"Color Chooser（颜色设置）"对话框，选择箭头指定的颜色，如图3-40所示。

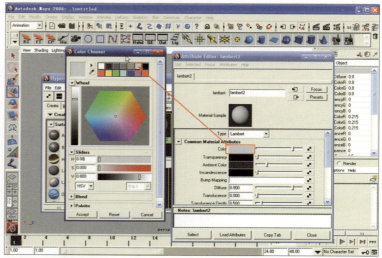

图3-40　设置渲染参数

02 单击"Ambient Color（环境颜色）"属性后的颜色图标，弹出名为"Color Chooser（颜色设置）"对话框，选择箭头指定的颜色，如图3-41所示。

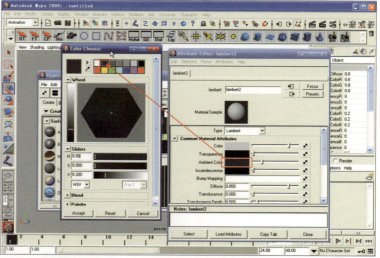

图3-41　指定环境颜色

03 单击图中所示 按钮，打开"Render Settings（渲染设置）"对话框，如图3-42所示。

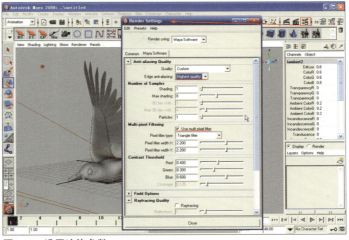

图3-42 设置渲染参数

04 单击图中所示 按钮，预览材质效果，如图3-43所示。

图3-43 预览材质效果

05 按[F2]键切换到动画模式，执行"Skeleton关节（骨骼）>Joint Tool（关节工具）"命令，如图3-44所示。

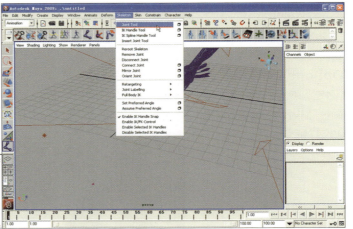

图3-44 执行创建关节工具命令

06 在透视图中沿箭头指示位置创建骨骼，如图3-45所示。

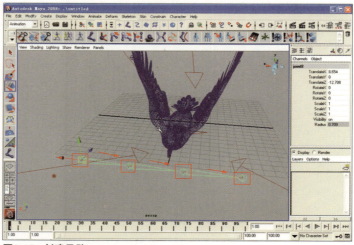

图3-45　创建骨骼

07 拖动骨骼关节处，摆放位置如图3-46所示。

图3-46　摆放骨骼位置

08 单击"Skeleton（骨骼）>Mirror Tool（骨骼镜像）"命令后的 图标，弹出"Mirror Joint Options（骨骼镜像选项）"对话框，单击YZ选项单选按钮，单击"Mirror（镜像）"按钮，如图3-47所示。

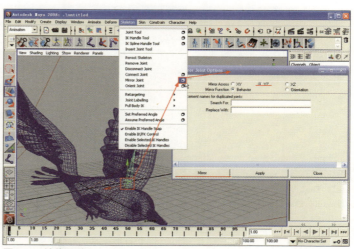

图3-47　镜像骨骼

09 首先，选择骨骼红框所示位置，按住键盘[Shift]键选择鸽子模型，执行"Skin（皮肤）>Bind Skin（蒙皮）> Smooth Bind（柔性蒙皮）"命令，如图3-48所示。

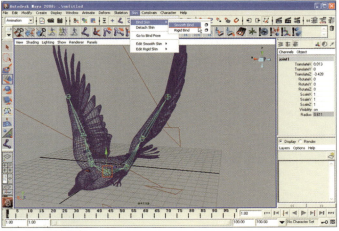

图3-48　柔性蒙皮

10 执行完命令后的模型就不能单独选择了，只有通过选择骨骼来选择模型，这时模型会呈现紫红色，这就表明蒙皮成功了，如图3-49所示。

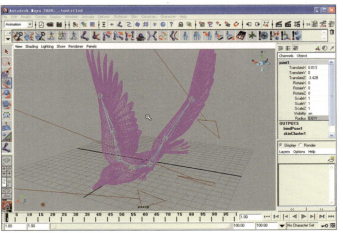

图3-49　测试蒙皮效果

11 调节骨骼进行动画的制作，如图3-50所示。

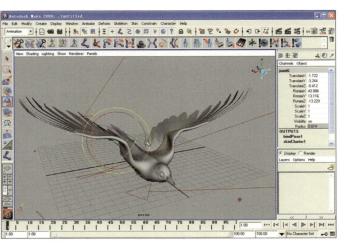

图3-50　调试动画

【3.3　后期合成】

完成动画之后，我们开始进行后期制作。后期我们分为两个部分来完成，第一部分是主元素的后期合成。第二部分是背景场景的合成制作。

3.3.1　主元素的合成

首先，我们来进行主元素的合成制作，制作完成的元素效果如右图所示。

01 首先打开After Effects软件，执行"Compostion（合成）> New Compostion （新建合成）"命令，在弹出的对话框中设置参数如图3-51所示。

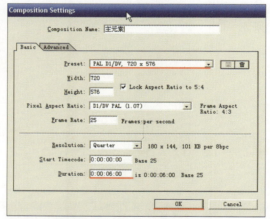

图3-51　新建合成

02 执行"File（文件）>Import（导入）> File（文件）"命令，弹出名为"File Import（文件导入）"的对话框，导入随书光盘"第三章\素材\mage"文件夹中的"云－1.影视2.tga"文件，如图3-52所示。

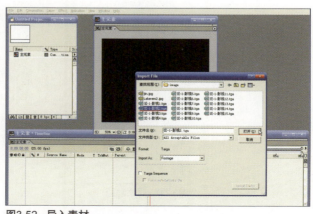

图3-52　导入素材

03 弹出"Interpret Footage"的对话框，选择如图所示的选项，单击OK按钮，图片就会导入到AE项目窗口中，最后将文件"云－1.影视2.tga"上拖入到时间线窗口中，如图3-53所示。

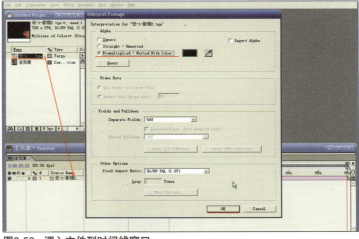

图3-53 调入文件到时间线窗口

04 导入附书光盘："第三章\素材\2d_flower-a"文件夹中的文件，将时间线窗口中的指针移动到合成结束位置，最后将项目窗口中的"2d_flowera"序列文件拖入到合成时间线窗口中，按[ ]键，则图层最后一帧处于结尾处，如图3-54所示。

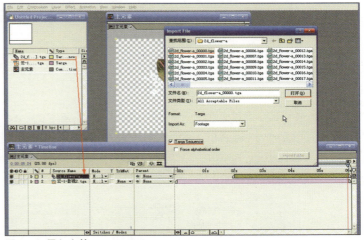

图3-54 导入文件

05 按[Ctrl+Alt+T]组合键，出现两个关键帧，拖动关键帧使其分别在01秒和05秒位置，如图3-55所示。

图3-55 设置关键帧

06 导入附书光盘："第三章\素材\image"文件夹中的"云－1.影视5.tga"文件，单击打开，弹出名为 "Interpret Footage"的对话框，选择之前讲解过的选项，单击OK按钮，图片就会导入到AE项目窗口中。最后将项目窗口中的"云－1.影视5.tga"文件拖入到时间线窗口中，按[ ]]键，使图层最后一帧处于结尾处，如图3-56所示。

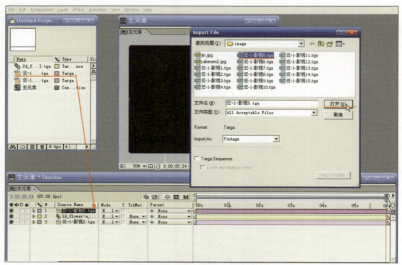

图3-56　导入文件

07 导入附书光盘："第三章\素材\image"文件夹中的"aa.tga"文件，单击打开，弹出名为 "Interpret Footage"的对话框，选择之前讲解过的选项，单击OK按钮，图片就会导入到AE项目窗口中，最后将项目窗口中的"aa.tga"文件拖入到时间线窗口中，按[]]键，使图层最后一帧处于结尾处。按 [F4]键打开参数，设置Position（位置）为352.0，276.0，0.0，如图3-57所示。

图3-57　参数设置

08 执行"Effect(特效)>Adjust(调整)>Hue/Saturation(色相/饱和度)"命令,参数设置如图3-58所示。

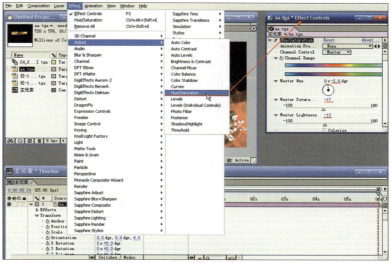

图3-58　添加特效并设置参数1

09 执行"Effect(特效)>Adjust(调整)>Brightness&Contrast(亮度/对比度)"命令,参数设置如图3-59所示。

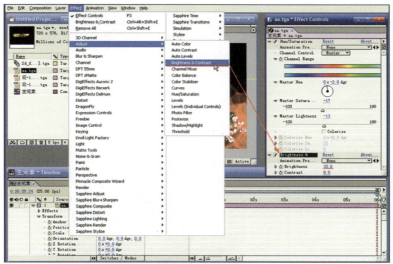

图3-59　添加特效并设置参数2

10 执行"Effect（特效）>
Adjust（调整>Curve（曲线）"
命令，参数设置如图3-60所示。

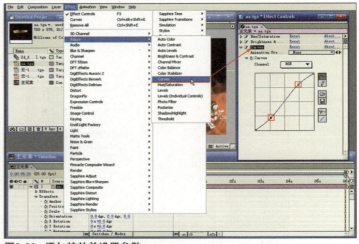

图3-60 添加特效并设置参数

11 按[Ctrl+D]组合键产生
新图层，参数设置如图3-61
所示。

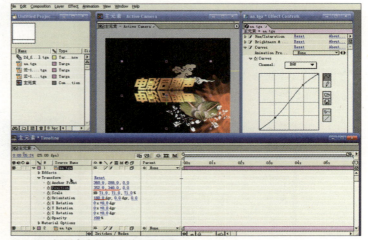

注意 拖动曲线上的小点
就可以改变曲线的
形态。

图3-61 复制产生新图层并设置参数

12 按[Ctrl+1]组合键打开控制
面板，选择图标"□"蒙版工
具，在图层上框选，如图3-62
所示。

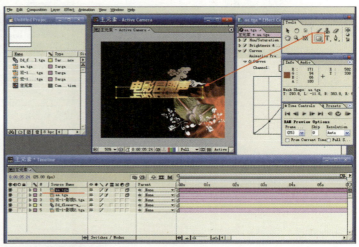

图3-62 使用蒙版工具

13 按[F]键进行边缘的羽化，将"Max Feather（最大羽化）"参数设置为28.0，28.0，如图3-63所示。

图3-63　设置羽化参数

14 选择时间线窗口中的第4个图层，按[Ctrl+D]组合键产生新图层，移动新产生的图层到第一层的位置，参数"Position（位置）"设置为178.0，341.0，"Scale（大小）"为23.0，23.0，拖动关键帧，使其分别在00秒和04秒的位置，如图3-64所示。

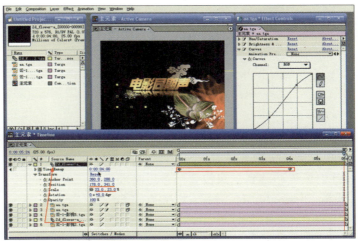

图3-64　复制产生新图层并设置参数

15 鼠标放到图标"　"上，按住鼠标右键拖动到图层一上松开，这样就创建了父子连接。接下来开始制作动画，参数设置如图3-65所示。

Time（时间）	Position（位置）
0：00：00：00	329.0, 356.0
0：00：05：24	400.0, 356.0

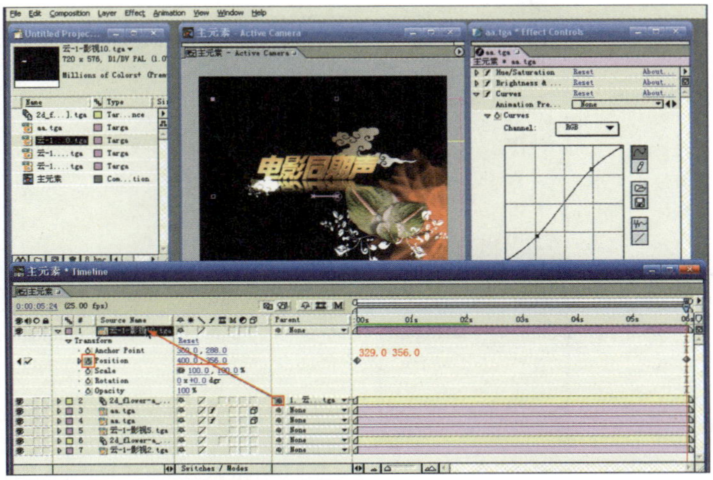

图3-65　建立父子连接并设置关键帧

16 按[Home]键，时间窗口指针返回到开始处。执行"File（文件）>Import（导入）> File（文件）"命令，弹出名为"File Import（文件导入）"的对话框，导入随书光盘："第三章\素材\image"文件夹中的"主元素.tga"文件，单击打开，弹出名为"Interpret Footage"的对话框，选择之前讲解过的选项，单击OK按钮，图片就会导入到AE项目窗口中。最后将项目窗口中的"主元素.tga"文件拖入到时间线窗口中，如图3-66所示。

图3-66 导入文件

17 执行"File（文件）>Import（导入）> File（文件）"命令，弹出名为"File Import（文件导入）"的对话框，导入随书光盘："第三章 \ 素材 \2d_flower"文件夹中的文件。将时间线窗口中的指针的位置移动到结束位置，最后将项目窗口中的"2d_flower"序列文件拖入到时间线窗口中，设置"Position（位置）"为80.0，364.0，"Scale（大小）"为58.0，58.0，"Rotation（旋转）"为 -21.0，如图 3-67 所示。

图3-67 导入文件并设置参数1

18 执行"File（文件）>Import（导入）> File（文件）"命令,弹出名为"File Import（文件导入）"的对话框,导入随书光盘:"第三章\素材\New Folder"文件夹中的文件。将时间线窗口中的指针移动至结束位置,最后将项目窗口中的"aa"序列文件拖入到时间线窗口中,设置"Position（位置）"为90.0,554.0。按[Ctrl+Alt+T]组合键,出现两个关键帧,拖动选择关键帧,使其分别在00秒和04秒的位置,如图3-68所示。

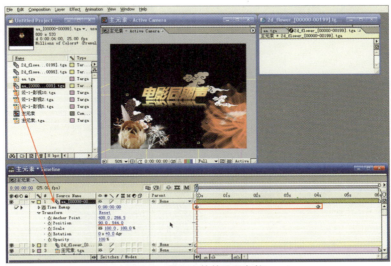

图3-68　导入文件并设置参数2

19 按[Ctrl+D]组合键复制产生新图层,设置"Position（位置）"为666,408.0,"Scale（大小）"为45.0,45.0,拖动关键帧使其分别在01秒和05秒位置,如图3-69所示。

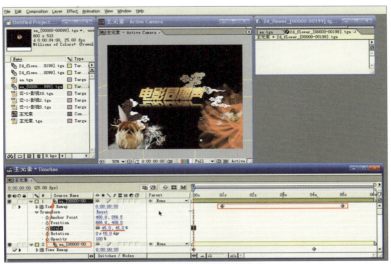

图3-69　复制图层并设置参数

20 执行"Layer（图层）>
New（新建）> Null Object
（虚拟对象）" 命令，创建
虚拟对象，如图3-70所示。

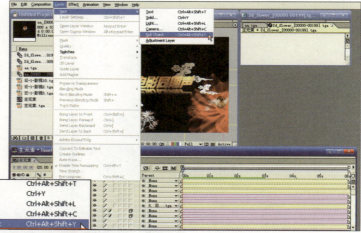

图3-70 创建虚拟对象

21 选中第二层以下的所有的
图层，鼠标放到图标" 🔘 "
上，按住鼠标右键拖动到图层
一上松开，表示添加了父子连
接，如图3-71所示。

图3-71 创建父子连接

22 选中图层1，按[P]键，
开始记录动画，参数设置如
图3-72所示。

Time（时间）	Position（位置）
0：00：00：00	1164.0, 288.0
0：00：02：00	407.0, 288.0
0：00：06：00	361.0, 288.0

图3-72 记录动画

23 选中前面两个关键帧，右键单击其中一个关键帧，选择"Keyframe Interpolation（关键帧插值）"命令，如图3-73所示。

图3-73 执行关键帧插值命令

24 弹出名为"Keyframe Interpolation（关键帧插值）"对话框，选择Auto Bezier（自动贝塞尔）选项，单击OK按钮，如图3-74所示。

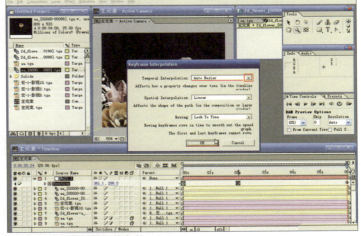

图3-74 设置关键帧插值参数

25 右键单击最后一个关键帧，选择Keyframe Assistant（辅助关键帧）>Easy Ease Out（缓和曲线离开）命令，如图3-75所示。

图3-75 执行缓和曲线离开命令

3.3.2 主场景的合成

完成主元素的合成制作之后，接下来开始，进行主场景合成制作。制作完成的主场景如右图所示。

01 打开软件执行"Compostion（合成）>New Compostion（新建合成）"命令，在对话框中设置参数如图3-76所示。

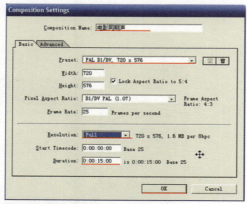

图3-76　新建合成

02 分别导入随书光盘："第三章＼素材＼背景"文件夹中的文件以及"第三章＼素材＼粒子"文件夹中的文件，最后将项目窗口中的"背景"序列文件和"粒子"序列文件拖入到时间线窗口中，图层1的文件模式选择"Add（叠加）"方式，如图 3-77 所示。

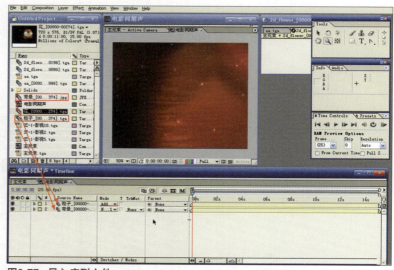

图3-77　导入序列文件

03 用同样的方法导入附书光盘："第三章\素材\花"文件夹中的文件，最后将项目窗口中的"花"序列文件拖入到时间线窗口中，如图3-78所示。

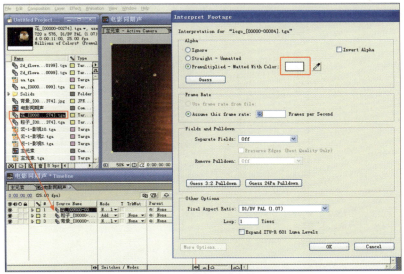

图3-78 导入序列文件

04 导入附书光盘："第三章\素材\bird"文件夹中的文件，最后将项目窗口中的"bird"序列文件拖入到时间线窗口中，执行"Layer（图层）>Precompose（预先合成）"命令，如图3-79所示。

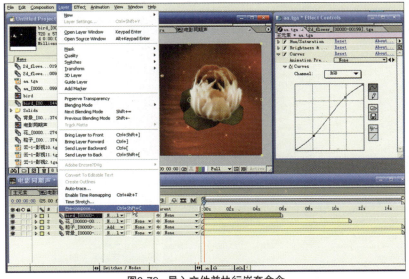

图3-79 导入文件并执行嵌套命令

05 单击红框位置，设置时间为0：00：03：24，单击OK按钮，按[[]键，移动图层，制作动画参数如图3-80所示。

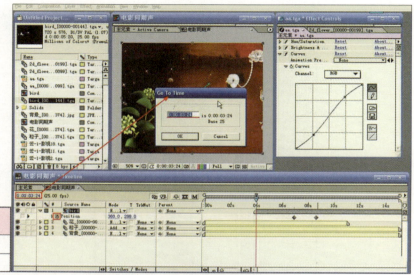

Time（时间）	Position（位置）
0：00：07：00	360.0，288.0
0：00：09：24	444.0，212.0

图3-80　设置动画关键帧1

06 导入附书光盘："第三章\素材\image"文件夹中的"云－1.影视11.tga"文件，将文件拖入时间线窗口中，设置动画参数如图3-81所示。

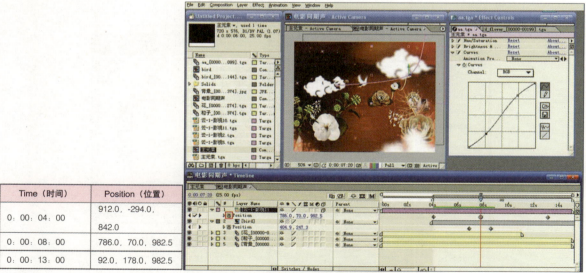

Time（时间）	Position（位置）
0：00：04：00	912.0，-294.0，842.0
0：00：08：00	786.0，70.0，982.5
0：00：13：00	92.0，178.0，982.5

图3-81　设置动画关键帧2

07 将名为"主元素"的合成文件拖入到时间窗口中，移动图层位置如图3-82所示。

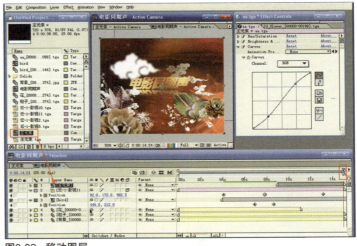

图3-82 移动图层

08 导入"第三章\素材\pl"文件夹中的文件，将文件拖入时间线窗口中。右键单击图中红框位置，选择"Columns（专栏）>Stretch（拉伸）"命令，如图3-83所示。

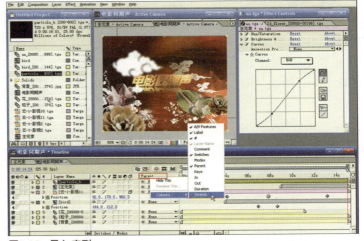

图3-83 导入序列

09 将速度参数设置为30，单击OK按钮，如图3-84所示。

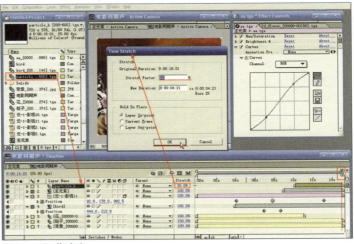

图3-84 调节速度

10 通过执行"Layer（图层）>Blending Mode（混合模式）>Add（叠加）"命令，将亮度加倍提亮，如图3-85所示。

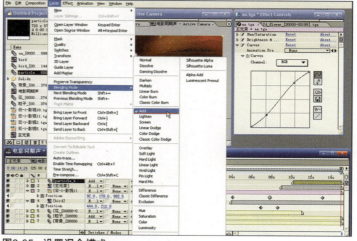

图3-85 设置混合模式

11 进行输出设置，按[Ctrl+M]组合键，弹出渲染输出对话框，单击图中红框处，打开输出设置对话框，设置渲染参数如图3-86所示。

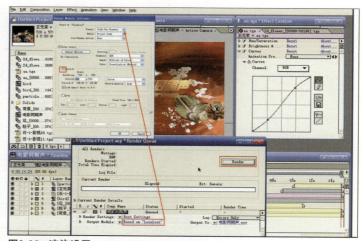

图3-86 渲染设置

12 单击"Render（渲染）"按钮生成影片，如图3-87所示。

图3-87 渲染

频道特征演绎

创意阐述

在极富形式感的频道标识变化中，频道标识分裂开来，凸显频道特征化的动画传递出频道多元化的特征。

镜头阐述

第一个镜头中，首先频道标识分裂出现在画面中，随后所有物体分裂；第二个镜头中，分裂的每个物体上面都有图像呈现出来；第三个镜头中，物体进行互相穿插，并加以变形；第四个镜头为快速切换画面；第五个镜头为频道定版落幅。

技术要点

本章主要采用制作水晶的手法，运用真实的环境反射与折射渲染出绚丽的画面，并运用了Mental Ray渲染器。高级渲染器的应用为本章的精髓和难点。

📹 创意分镜头

【4.1 频道标识制作】

本案例主要以频道标识为主体表现频道特征，因此，频道标识是非常重要的，先做好频道标识才能为之后的工作打下良好的基础。

4.1.1 标识模型与材质制作

首先，我们来制作频道的标识模型和材质，制作完成的频道标识如右图所示。

01 打开Maya软件，创建频道标识的曲线，单击"Create（创建）>Text（文字）"命令后的 ▣ 图标，如图4-1所示。

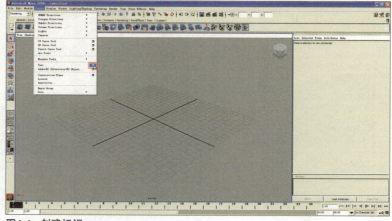

图4-1 创建标识

02 输入文字"CCTV"，在弹出的"Text Curve Options（文字曲线选项）"对话框中设置字体后，单击"Create（创建）"按钮，如图4-2所示。

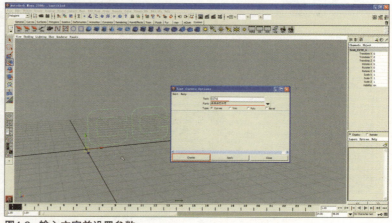

图4-2 输入文字并设置参数

03 单击"Surfaces（曲面）> Bevel Plus（倒角插件）"命令后的 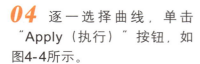 图标，弹出命令参数调节对话框，将"Bevel Width（倒角宽度）"和"Bevel Depth（倒角厚度）"参数设置为0.0000，将"Extrude Distance（宽度方向）"参数设置为2.0000，如图4-3所示。

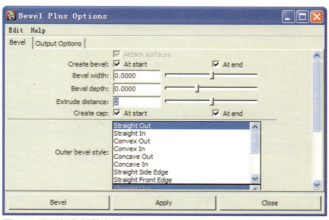

图4-3 设置倒角插件参数

04 逐一选择曲线，单击"Apply（执行）"按钮，如图4-4所示。

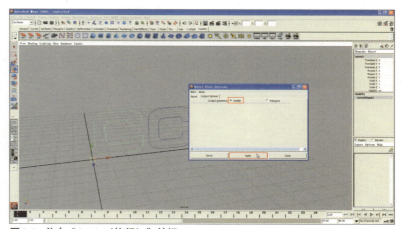

图4-4 单击"Apply（执行）"按钮

05 按[5]键切换到实体显示方式，查看模型效果如图4-5所示。

图4-5 查看模型效果

06 执行"Edit（编辑）>Delete by Type（删除类型）> History（当前历史）"命令，删除模型与曲线之间的关联历史，如图4-6所示。

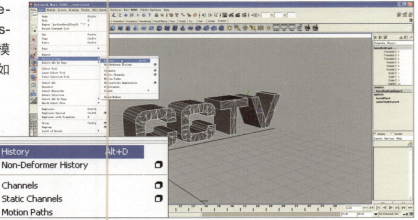

Delete by Type	▶	History	Alt+D
Delete All by Type	▶	Non-Deformer History	▢
Select Tool		Channels	▢
Lasso Select Tool		Static Channels	▢
Paint Selection Tool		Motion Paths	

图4-6　删除历史

07 在窗口中，取消勾选"Show（显示）>NURES Curves（曲面曲线）"命令，场景中的曲线就会隐藏掉，如图4-7所示。

图4-7　隐藏曲线

08 执行"Window（窗口）> Rendering Editors（渲染编辑器）>Hypershade（超链接材质编辑器）"命令，打开材质编辑器，如图4-8所示。

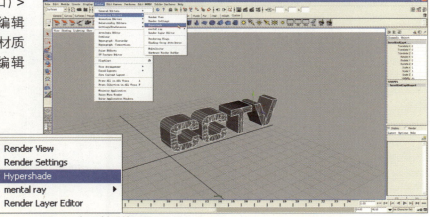

Rendering Editors	▶	Render View
Animation Editors	▶	Render Settings
Relationship Editors	▶	Hypershade
Settings/Preferences	▶	mental ray ▶
		Render Layer Editor
Attribute Editor		

图4-8　打开材质编辑器

09 单击左边的"Lambert"材质球按钮,会在右边的上下栏中分别新创建名为"Lambert"的材质球,如图4-9所示。

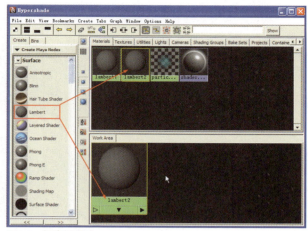

图4-9 创建材质球

10 双击名为"Lambert2"的材质球,弹出编辑材质球属性对话框,单击"Color(颜色)"属性后的 图标,弹出"Create Render Node(创建渲染节点)"对话框,单击"File(文件)"按钮,如图4-10所示。

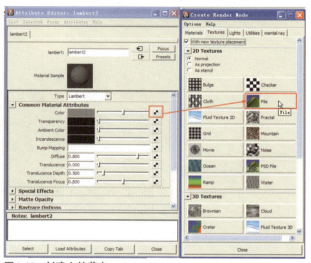

图4-10 创建文件节点

11 在编辑文件节点属性对话框中,单击"Image Name(图片名字)"属性后的 图标,弹出名为"Open(打开)"对话框,通过该对话框找到随书光盘"第四章\素材\image"文件夹,选中文件后单击"Open(打开)"命令,如图4-11所示。具体贴图属性请参看场景文件。

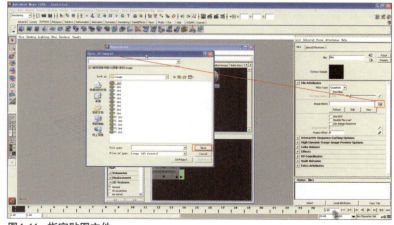

图4-11 指定贴图文件

4.1.2 灯光制作

接下来要在场景中添加两盏灯光，添加灯光后的效果如右图所示。

01 执行"Create（创建）> Light（灯光）>Directional Light（方向灯）"命令，按[Ctrl+D]组合键复制产生新灯光，如图4-12所示。

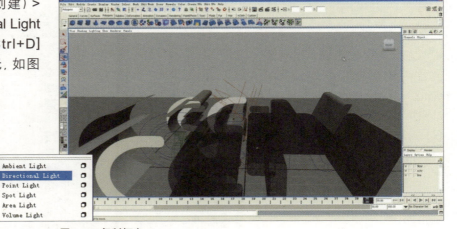

图4-12　复制灯光

02 分别为两盏灯光位置进行设置，一盏参数为"Translate Y为3.273，Rotate X为72.477，Rotate Y为38.782，Rotate Z为43.201，ScaleX为2.104，ScaleY为2.104，ScaleZ为2.104"。一盏参数为"Translate Y为3.273，Rotate X为-118.677，Rotate Y为36.428，Rotate Z为-35.098，Scale X为1.61，ScaleY为1.61，Scale Z为1.61"，如图4-13所示。

directionalLight1	
Translate X	0
Translate Y	3.273
Translate Z	0
Rotate X	72.477
Rotate Y	38.782
Rotate Z	43.201
Scale X	2.104
Scale Y	2.104
Scale Z	2.104
Visibility	on

directionalLight2	
Translate X	0
Translate Y	3.273
Translate Z	0
Rotate X	-118.677
Rotate Y	36.428
Rotate Z	-35.098
Scale X	1.61
Scale Y	1.61
Scale Z	1.61
Visibility	on

图4-13　设置灯光参数

4.1.3 LOGO标动画与摄影机动画制作

接下来我们制作LOGO标动画与摄像机动画，制作完成的LOGO标动画与摄像机动画效果如右图所示。

01 执行"File（文件）>Open Scene（打开）"命令，最初始状态模型的位移，旋转都为0。在时间线最后位置纪录最初时状态关键帧，然后将时间滑块移动到开头位置，将模型随意位移，旋转后再次记录关键帧，如图4-14所示。

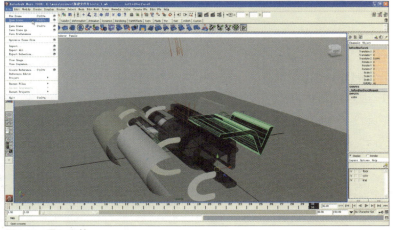

图4-14 导入文件

02 通过"Open（打开）"对话框中找到随书附赠的光盘"第四章\素材\maya\scenes"文件，单击"Open（打开）"按钮，如图4-15所示。

图4-15 打开文件

03 执行"Create（创建）>Cameras（摄影机）>Camera（单个摄影机）"命令，如图4-16所示。

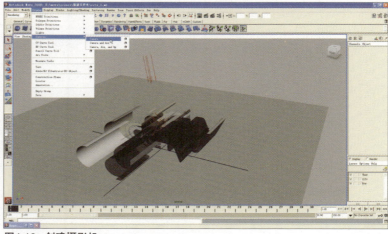

图4-16　创建摄影机

04 执行"Panels（面板）>Perspective（选择视图）>camera1（进入摄影机1视窗）"命令，如图4-17所示。

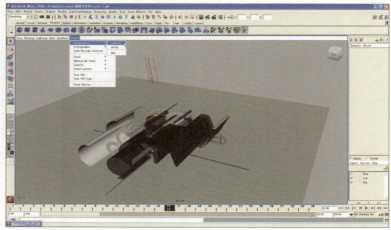

图4-17　选择视窗

05 执行"View（显示）>Select Camera（选择当前摄影机）"命令，当前视窗的摄影机被选中，如图4-18所示。

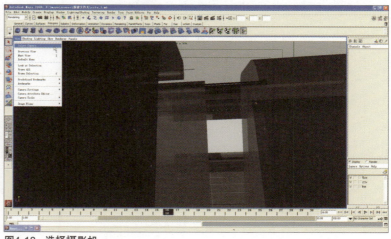

图4-18　选择摄影机

06 将时间滑块拖至第1帧位置，对摄影机参数进行调整，"Translate X为7.65，Translate Y为2.358，Translate Z为-1.248，Rotate Y为90"，按住鼠标右键选择Key Selected（把选择的参数记录动画），如图4-19所示。

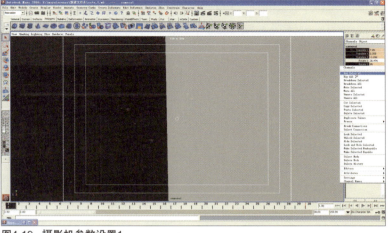

图4-19 摄影机参数设置1

07 将时间滑块拖至第30帧位置，对摄影机参数进行调整，"Translate X为4.848，Translate Y为1.421，Translate Z为-2.572，Rotate Y为101.471"，按住鼠标右键选择Key Selected（把选择的参数记录动画），如图4-20所示。

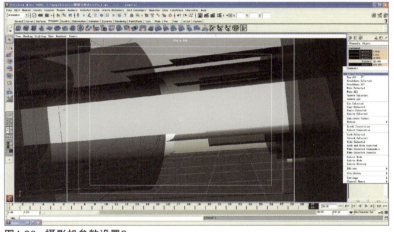

图4-20 摄影机参数设置2

08 执行"Create（创建）>Cameras（摄影机）>Camera（单个摄影机）"命令，如图4-21所示。

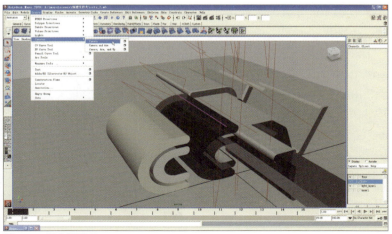

图4-21 创建摄影机

09 执行"Panels（面板）>
Perspective（选择视图）>ca-
mera1（进入摄影机1视窗）"命
令，如图4-22所示。

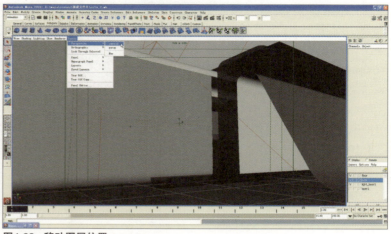

图4-22　移动图层位置

10 执行"View（显示）>
Select Camera（选择当前
摄影机）"命令，当前视窗
的摄影机被选中，如图4-23
所示。

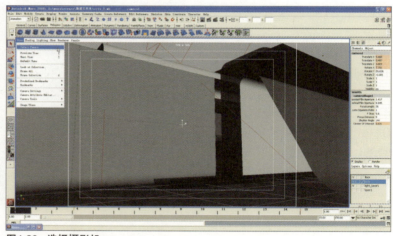

图4-23　选择摄影机

11 将时间滑块拖至第1帧位
置，对摄影机参数进行调整，
"Translate X为5.668，Tr-
anslate Y为0.487，Translate Z
为3.809，Rotate X为7.701"，
按住鼠标右键选择Key Selec-
ted（把选择的参数记录动画），
如图4-24所示。

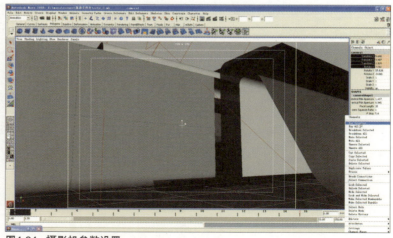

图4-24　摄影机参数设置

12 将时间滑块拖至第15帧位置，对摄影机参数进行调整，"Translate X为4.604，Translate Y为0.484，Translate Z为3.148，Rotate X为12.52"，按住鼠标右键选择Key Selected（把选择的参数记录动画），如图4-25所示。

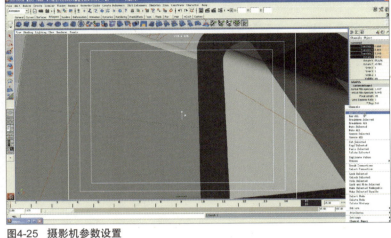

图4-25　摄影机参数设置

13 执行"Create（创建）> Cameras（摄影机）>Camera（单个摄影机）"命令，如图4-26所示。

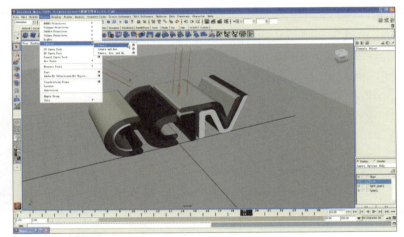

图4-26　创建摄影机

14 执行"Panels（面板）> Perspective（选择视图）> camera1（进入摄影机1视窗）"命令，如图4-27所示。

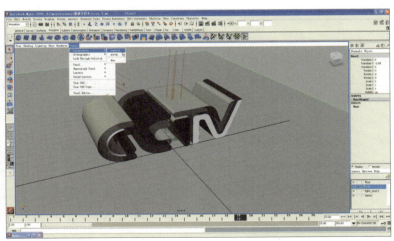

图4-27　选择视窗

15 执行"View（显示）>
Select Camera（选择当前摄
影机）"命令，当前视窗的摄
影机被选中，如图4-28所示。

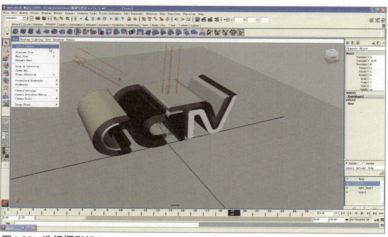

图4-28　选择摄影机

16 将时间滑块拖至第1帧位
置，对摄影机参数进行调整，
"Translate X为9.544，Tr-
anslate Z为11.832，Rotate Y
为28.272"，按住鼠标右键选
择Key Selected（把选择的参
数记录动画），如图4-29所示。

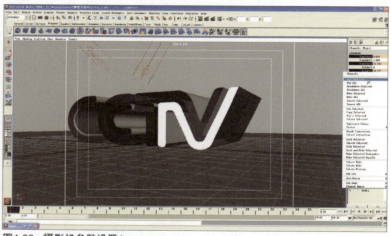

图4-29　摄影机参数设置1

17 将时间滑块拖至第18
帧位置，对摄影机参数进行调
整，"Translate X为0.074，Tr-
anslate Z为-1.191，Rotate Y
为-0.865"，按住鼠标右键选
择Key Selected（把选择的参
数记录动画），如图4-30所示。

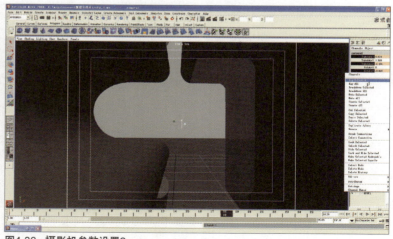

图4-30　摄影机参数设置2

18 将时间滑块拖至第1帧位置，对摄影机参数进行调整，"Translate X为11.966，Translate Y为1.488，Translate Z为6.33，Rotate X为0.6，Rotate Y为59.099"，按住鼠标右键选择Key Selected（把选择的参数记录动画），如图4-31所示。

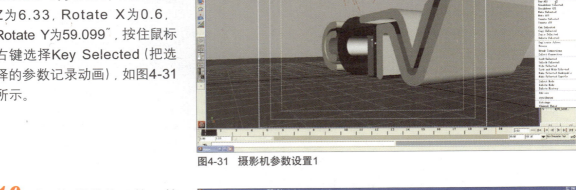

图4-31　摄影机参数设置1

19 将时间滑块拖至第20帧位置，对摄影机参数进行调整，"Translate X为12.181，Translate Y为0.945，Translate Z为5.296，Rotate X为4.335，Rotate Y为65.955"，按住鼠标右键选择Key Selected（把选择的参数记录动画），如图4-32所示。

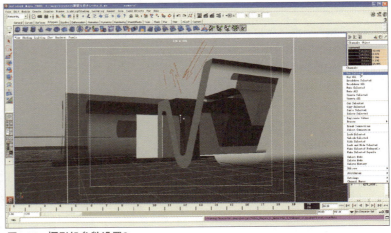

图4-32　摄影机参数设置2

20 将时间滑块拖至第1帧位置，对摄影机参数进行调整，"Translate X为7.63，Translate Y为2.641，Translate Z为3.417"，按住鼠标右键选择Key Selected（把选择的参数记录动画），如图4-33所示。

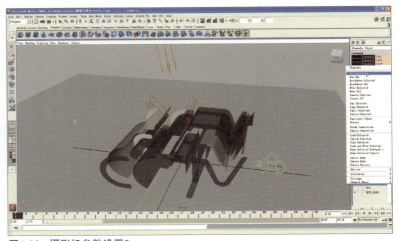

图4-33　摄影机参数设置3

21 将时间滑块拖至第30帧位置,对摄影机参数进行调整,"Translate X为8.21, Translate Y为2.736, Translate Z为3.759",按住鼠标右键选择Key Selected(把选择的参数记录动画),如图4-34所示。

图4-34 摄影机参数设置1

22 将时间滑块拖至第1帧位置,对摄影机参数进行调整,"Translate X为6.418, Translate Y为9.446, Translate Z为2.4, Rotate X为-59.291, Rotate Y为12.291, Rotate Z为-25.248",按住鼠标右键选择Key Selected(把选择的参数记录动画),如图4-35所示。

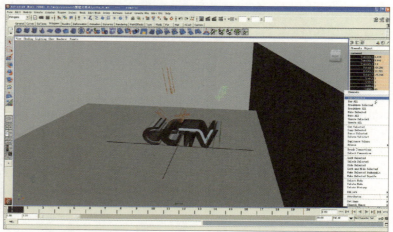

图4-35 摄影机参数设置2

23 时间滑块拖至第20帧位置,对摄影机参数进行调整,"Translate X为6.418, Translate Y为9.446, Translate Z为2.4, Rotate X为-46.849, Rotate Y为43.258, Rotate Z为0",按住鼠标右键选择Key Selected(把选择的参数记录动画),如图4-36所示。

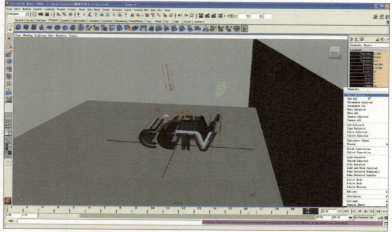

图4-36 摄影机参数设置3

24 将时间滑块拖至第1帧位置，对摄影机参数进行调整，"Translate X为9.872, Translate Z为-6.92, Rotate X为0.567, Rotate Y为119.304"，按住鼠标右键选择Key Selected（把选择的参数记录动画），如图4-37所示。

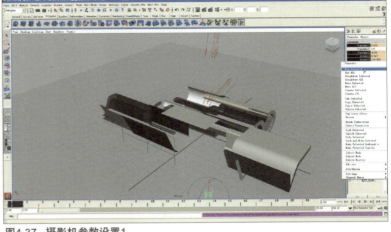

图4-37 摄影机参数设置1

25 将时间滑块拖至第18帧位置，对摄影机参数进行调整，"Translate X为12.255, Translate Z为5.716, Rotate X为0.48, Rotate Y为62.028"，按住鼠标右键选择Key Selected（把选择的参数记录动画），如图4-38所示。

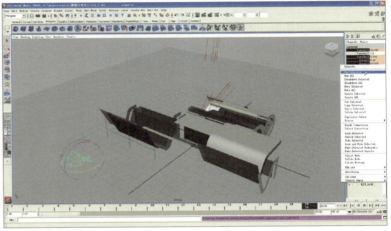

图4-38 摄影机参数设置2

26 将时间滑块拖至第1帧位置，对摄影机参数进行调整，"Translate X为4.773, Translate Y为2.037, Translate Z为-7.693, Rotate X为-12.757, Rotate Y为150.772, Rotate Z为4.392"，按住鼠标右键选择Key Selected（把选择的参数记录动画），如图4-39所示。

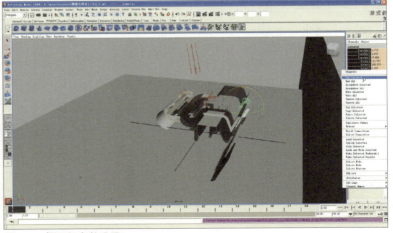

图4-39 摄影机参数设置3

27 将时间滑块拖至第18帧位置，对摄影机参数进行调整，"Translate X为4.41， Translate Y为1.363，Translate Z为-6.793，Rotate X为2.889，Rotate Y为120.055， Rotate Z为-2.672"，按住鼠标右键选择Key Selected（把选择的参数记录动画），如图4-40所示。

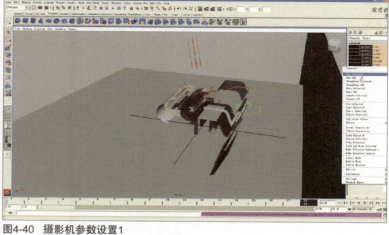

图4-40　摄影机参数设置1

28 将时间滑块拖至第1帧位置，对摄影机参数进行调整，"Translate X为6.022，Translate Z为-11.728"，按住鼠标右键选择Key Selected（把选择的参数记录动画），如图4-41|所示。

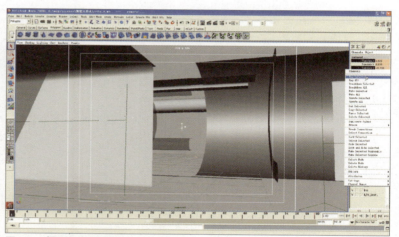

图4-41　摄影机参数设置2

29 将时间滑块拖至第18帧位置，对摄影机参数进行调整，"Translate X为-8.154，Translate Z为15.598"，按住鼠标右键选择Key Selected（把选择的参数记录动画），如图4-42所示。

图4-42　摄影机参数设置3

30 按[F6]键切换到渲染菜单,执行"Render(渲染)>Batch Render(批渲染处理)"命令,将之前我们做的动画渲染成序列图片,以便进行后期合成,如图4-43所示。

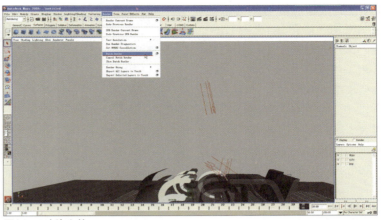

图4-43 渲染文件

【4.2 频道形象片后期合成的制作】

制作完成动画之后,我们来进行后期制作。

01 首先打开After Effects软件,执行"Compostion(合成)> New Compostion(新建合成)"命令,参数设置如图4-44所示。

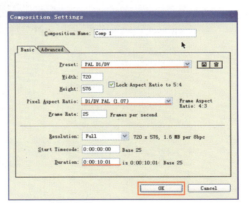

图4-44 新建合成

02 执行"File(文件)>Import(导入)> File(文件)"命令,弹出名为"File Import(文件导入)"的对话框,导入随书光盘"第四章\素材\3D\one"文件夹中的文件,勾选图中所示的复选框,最后单击打开,图片就会导入到AE项目窗口中,最后将文件拖入到时间线窗口中,如图4-45所示。

图4-45 导入序列文件

03 按照之前讲解的方法将附书光盘"第四章\素材\3D\two"文件夹中的文件导入AE项目窗口,并将文件拖入时间线窗口中,如图4-46所示。

图4-46　导入序列文件1

04 按照同样的方法导入附书光盘"第四章\素材\3D\three"文件夹中的文件,并将文件拖入到时间线窗口中,如图4-47所示。

图4-47　导入序列文件2

05 按同样的方法导入其他动画序列文件,并将文件拖入时间线窗口中,如图4-48所示。

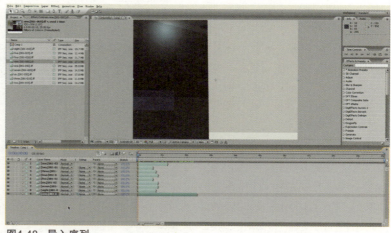

图4-48　导入序列

06 执行 "Animation（动画）> Keyframe Assistant（关键帧助手）> Sequence Layers（自动将素材排列顺序）" 命令，如图4-49所示。

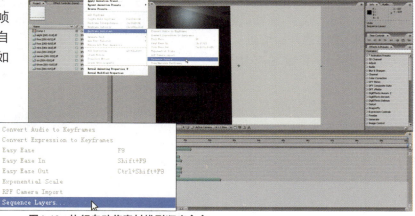

图4-49 执行自动将素材排列顺序命令

07 弹出名为 "Sequence Layers（自动将素材排列顺序）" 对话框，单击 "OK" 按钮，如图4-50所示。

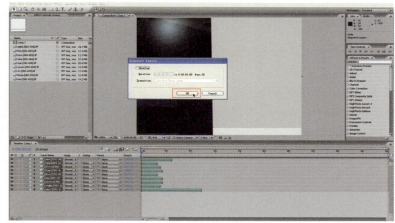

图4-50 排列图层

08 按照之前讲解的方法导入随书光盘 "第四章\素材\ 3D\ nine_floor" 文件夹中的文件，并将文件拖入时间线窗口中，如图4-51所示。

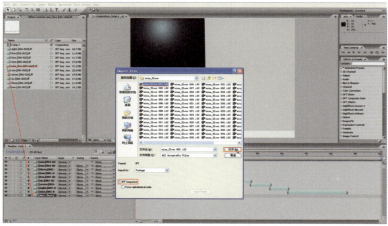

图4-51 导入序列文件

09 将时间窗口中的指针移动到"0：00：06：06"的位置，按键盘[[]键，图层的开始位置就会移动到指针所在位置，如图4-52所示。

图4-52 移动图层位置

10 按[Ctrl+D]组合键复制图层，设置叠加方式为Screen（相减）选项，如图4-53所示。

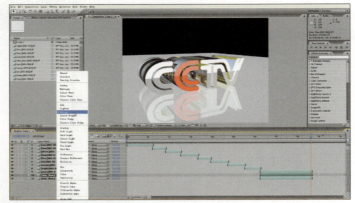

图4-53 设置图层叠加方式

11 右键单击时间线窗口空白部分，选择"Layer（菜单）> New（新建）>Solid（固态层）"命令，如图4-54所示。

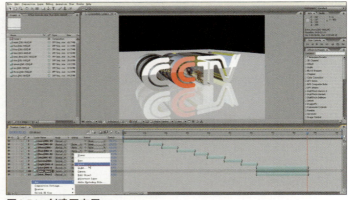

图4-54 创建固态层

12 在弹出的"Solid Settings（固态层设定）"对话框中，单击吸管按钮，指定画面中所示位置的颜色，如图4-55所示。

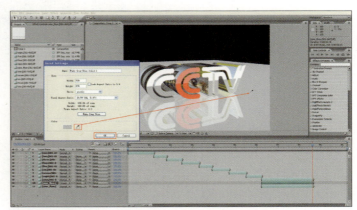

图4-55 指定颜色

13 按[Ctrl+D]组合键复制图层，移动图层位置到第10层，将时间指针移动到"0：00：08：13"的位置，如图4-56所示。

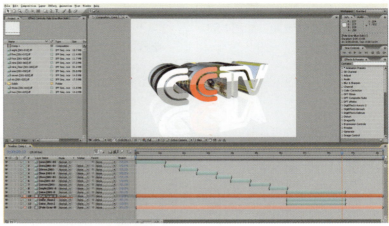

图4-56 复制图层并移动至指定位置

14 选择图形工具，为图层增加一个遮罩，如图4-57所示。

图4-57 新建遮罩

15 选择图层文件模式为"Screen（屏幕叠加）"，将时间设置为0：00：06：06，按[Alt+I]组合键裁切掉前半部分，如图4-58所示。

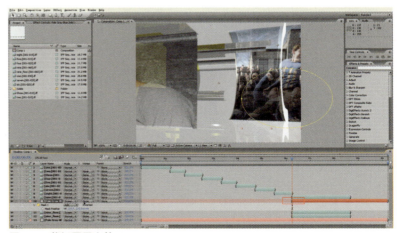

图4-58 裁切图层文件

16 按[Ctrl+D]组合键复制图层，移动遮罩的位置，如图4-59所示。

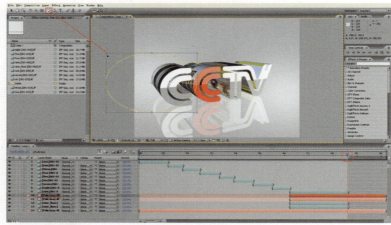

图4-59 移动遮罩

17 按[Ctrl+M]组合键弹出渲染输出对话框，设置输出参数，如图4-60所示，完成后渲染文件。

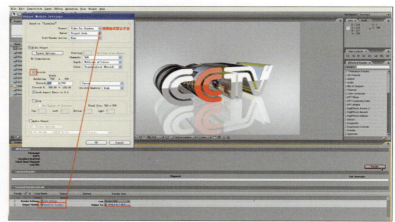

图4-60 输出设置

频道个性化演绎

Chapter

5

创意阐述

采用中国神化——嫦娥奔月的故事情节，表现出频道的唯美，浪漫之感。

镜头阐述

第一个镜头玉兔跑入画面引出月亮；第二个镜头中，月亮从右向左旋转；第三个镜头中，另一月亮飘入画面，遮挡住之前的月亮；第四个镜头中，月亮下移出画面，频道定版落幅。

技术要点

本章主要学习如何将真实拍摄和虚拟制作相结合，运用后期跟踪技术使拍摄和虚拟达到完美融合，并添加粒子在场境内飞舞的效果。运动跟踪和定点捕捉技术为本章的精髓和难点。

📹 创意分镜头

【5.1 制作三维虚拟场景】

本章节要学习如何制作有空间层次感的三维虚拟场景，在场景中会用到花、草、树、月亮等多个物体。下面开始搭建场景。

5.1.1 制作草、树的模型

首先，我们来创建草和树的模型。创建完的效果如右图所示。

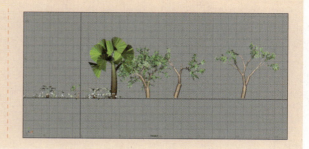

01 按 [F6] 键切换到"Rendering（渲染模式）"，执行"Paint Effects（绘画特效）> Get Brush（笔刷）"命令，如图5-1所示。

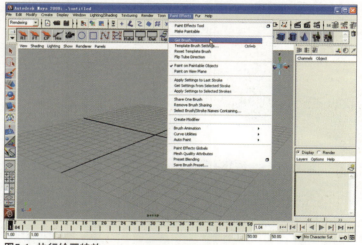

图5-1 执行绘画特效

02 弹出名为"Visor"的对话框，选择grasses（草）文件夹内的cactusGrass.mel（Melfile）选项，如图5-2所示。

图5-2 选择草效果

03 确认选中cactusGrass.
mel（Mel file）选项，在透视
窗口中单击鼠标左键创建一颗
草，如图5-3所示。

注意 在单击鼠标左键创建
草时，一定要按住鼠
标左键进行拖动才会
创建出草。

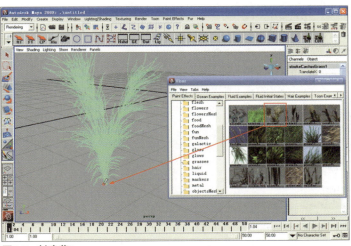

图5-3 创建草1

04 执行"Modify（改变）>
Center Pivot（置中枢轴点）"
命令，将模型的枢轴点移动
到物体的中心位置，如图5-4
所示。

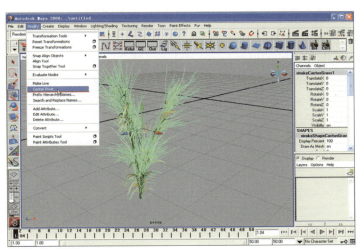

图5-4 移动枢轴点

05 选择grassOrnament.
mel（Mel file）选项，在透视
窗口中单击鼠标左键再创建一
颗草，如图5-5所示。

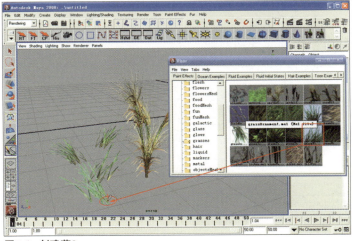

图5-5 创建草2

06 执行"Modify（改变）>
Center Pivot（置中枢轴点）"
命令，将模型的枢轴点移动到物
体的中心位置，如图5-6所示。

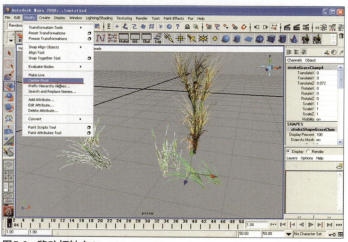

图5-6　移动枢轴点1

07 在"Visor"对话框中，选
择tressMesh（树）文件夹内
的oakWhiteLeaMedium.mel
（Melfile）选项，如图5-7所示。

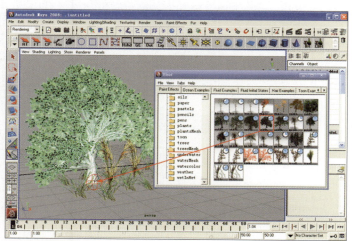

图5-7　创建树

08 执行"Modify（改变）>
Center Pivot（置中枢轴点）"命
令，将模型的枢轴点移动到物
体的中心位置，如图5-8所示。

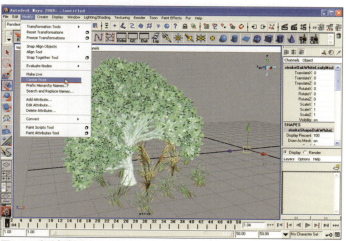

图5-8　移动枢轴点2

09 按[Ctrl+A]组合键，打开树的属性框，将参数Display Quality（显示品质）设置为38.000，如图5-9所示。

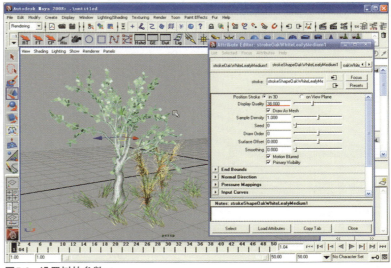

图5-9　设置树的参数

5.1.2 为"弯月"模型添加灯光和材质

接下来，我们为"弯月"模型添加灯光并赋上材质，制作完成的效果如右图所示。

01 打开随书光盘"第五章\素材\moon.mb"文件，按[5]键切换为实体显示模型方式，如图5-10所示。

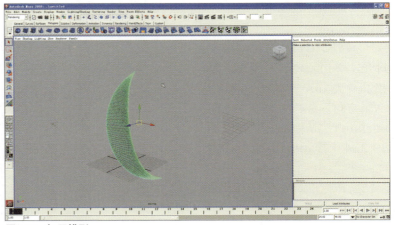

图5-10　打开模型

02 执行"Create（创建）> Light（灯光）>Point Light（点灯光）"命令，如图5-11所示。

图5-11　创建点灯光

03 按[Ctrl+A]组合键，打开属性框，将Intensity（强度）参数设置为0.413，TranslateX（X轴方向）参数为-13.735，TranslateY（Y轴方向）参数为39.334，Translate Z（Z轴方向）参数为27.856，如图5-12所示。

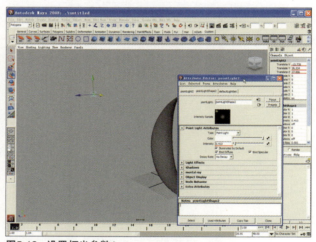

图5-12　设置灯光参数1

04 按[Ctrl+D]组合键复制灯光，将Intensity（强度）参数设置为1.000，TranslateX（X轴方向）参数为34.302，TranslateY（Y轴方向）参数为39.334，TranslateZ（Z轴方向）参数为-18.946，如图5-13所示。

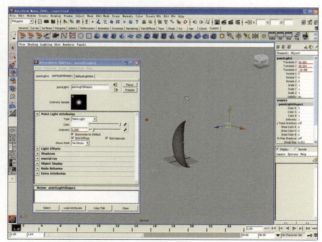

图5-13　设置灯光参数2

05 执行"Window（窗口）>Rendering Editors（渲染编辑器）>Hypershade（超链接材质编辑器）"命令，打开材质编辑器，单击左边的"Lambert"材质球，会在右边的上下栏中分别新创建名为"Lambert2"的材质球。双击"Lambert2"的材质球，弹出编辑材质球属性对话框，单击"Color（颜色）"属性后的 ■ 图标，弹出名为"Create Render Node（创建渲染节点）"对话框，单击"File（文件）"按钮，如图5-15所示。

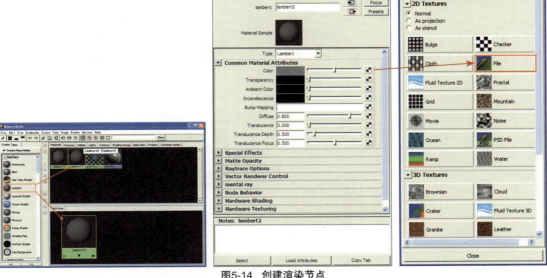

图5-14 创建渲染节点

06 弹出编辑文件节点属性对话框，单击"Image Name（图片名字）"属性后的 ■ 图标，弹出名为"Open（打开）"对话框，单击随书光盘"第五章\素材\MOON.JPG"文件，单击"Open（打开）"按钮，如图5-15所示。

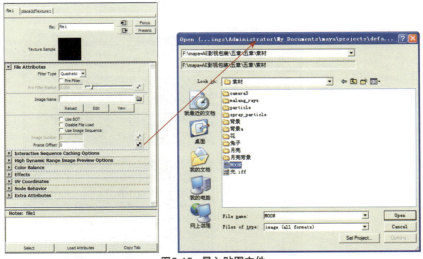

图5-15 导入贴图文件

07 选中场景内的模型后，右键单击"Lambert2"材质球，选择"Assign Material Selection（将材质赋予选择物体上）"命令，如图5-16所示。

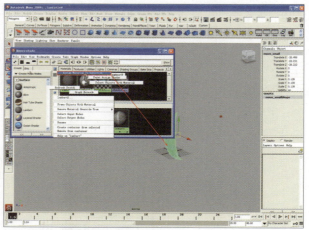

图5-16 将材质赋予选择物体上

08 右键单击"Lambert2"材质球，选择"Graph Network（展开材质链接）"，显示材质球的节点，如图5-17所示。

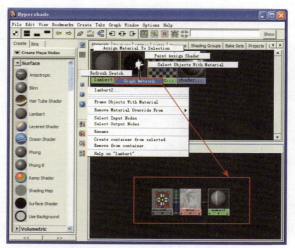

图5-17 展开材质节点

09 按[Delete]键，打断图中所指线条，按住鼠标中键，将Projection（投射坐标）节点拖到材质编辑器中，如图5-18所示。

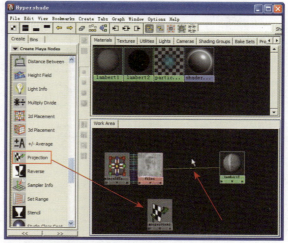

图5-18 添加投射坐标节点

10 按住鼠标中键，将Pro-jection（投射坐标）节点拖拽到Lambert2材质球上，松开中键，选择color（颜色）选项，如图5-19所示。

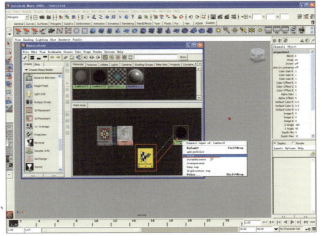

图5-19　连接节点1

11 鼠标中键选中file1（文件）节点，将其拖拽到Projec-tion（投射坐标）节点上，松开中键，选择Default（默认）选项，如图5-20所示。

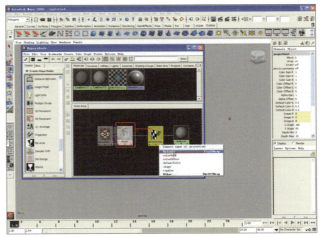

图5-20　连接节点2

12 双击Projection（投影图）节点，弹出编辑文件节点属性对话框，单击Fit To BBox按钮，弹出新的对话框菜单，单击Create A Place-ment Node（创建投射坐标）按钮，如图5-21所示。

图5-21　创建投射坐标

13 单击Projection（投射坐标）节点，将Proj Type（投射类型）设置为Spherical（球形）选项，如图5-22所示。

图5-22　类型选择

14 设置投射坐标参数，如图5-23所示。

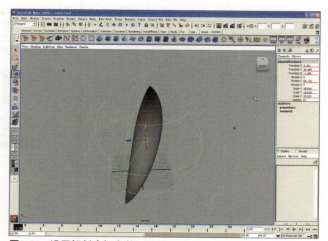

图5-23　设置投射坐标参数

15 单击右上角的▦图标，切换到"Maya Software（软件渲染）"选项卡，进行参数设置，如图5-24所示。接下来即可单击渲染开关按钮查看模型效果。

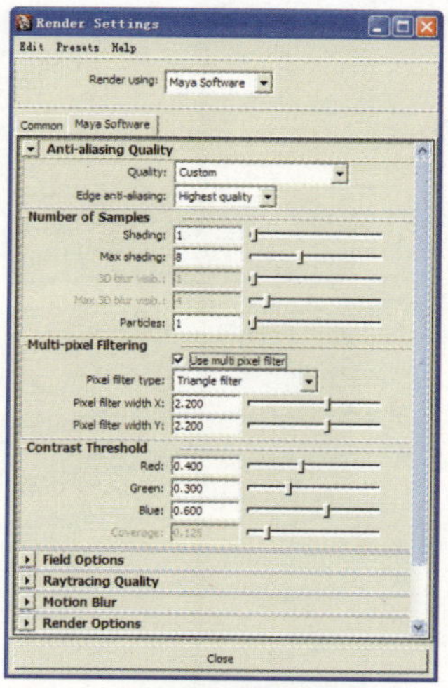

图5-24　设置软件渲染参数

【5.2 制作光线】

接下来要开始制作场景中的光线。光在本创意中起到非常重要的作用，我们先制作光线模型，然后到后期软件中进行光线合成。

5.2.1 制作光线模型

首先，我们先制作光线模型，制作完成的模型如右图所示。

01 单击图中所示的工具栏中的工具，打开"Visor"对话框，选择fun（乐趣）文件夹内的treeTwisty.mel（Mel file）选项，如图5-25所示。

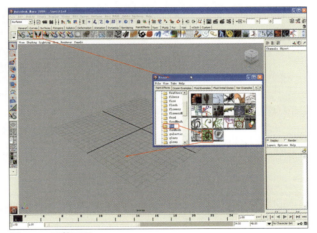

图5-25　画笔工具

02 按住鼠标左键，在场景内拖动创建植物，如图5-26所示。

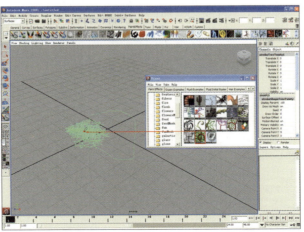

图5-26　创建植物

03 在视图中执行"View (视窗) > Select Camera (选择摄影机)"命令, 如图5-27所示。

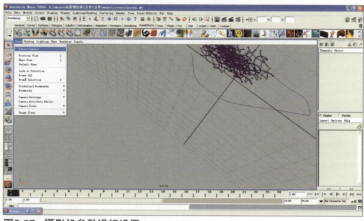

图5-27 摄影机参数进行设置

04 单击右上角 图标, 进入摄影机基本参数设置面板, 对摄影机参数进行设置, 如图5-28所示。

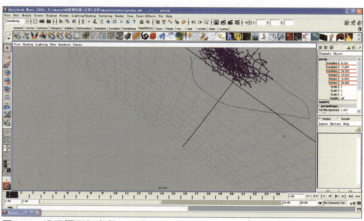

图5-28 设置摄影机参数

05 单击右上角 渲染开关, 弹出"Render Window Panel1 (渲染窗口)"对话框, 我们将显示的图片保存起来, 作为接下来的光效合成素材, 如图5-29所示。

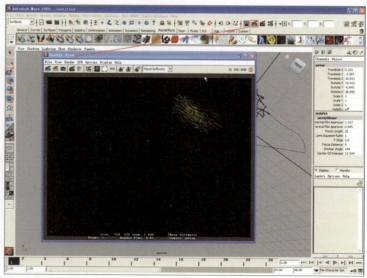

图5-29 查看渲染效果

5.2.2 制作光芒

　　制作完成光线模型后，接下来我们制作光芒效果，如右图所示。

01　首先打开软件After Effects，执行"Compostion（合成）> New Compostion（新建合成）"命令，在"Composition Settings（合成设定）"对话框中设定参数如图5-30所示。

图5-30　新建合成

02　执行"File（文件）>Import（导入）> File（文件）"命令，弹出名为"File Import（文件导入）"的对话框，导入随书光盘"第五章\ 素材\ 光"文件，并将文件拖入时间线窗口中，如图5-31所示。

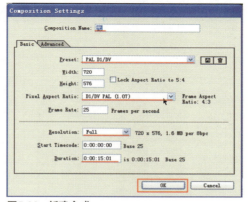

图5-31　导入文件

03 选择图层"光", 按[F3]键, 打开特效添加菜单, 选择"Trapcode>Shine (发光)"命令, 如图5-32所示。

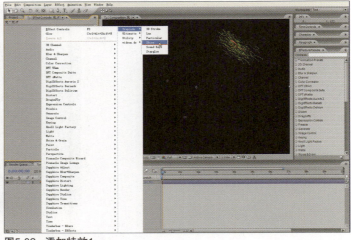

图5-32 添加特效1

04 对发光特效进行参数设置, 如图5-33所示。

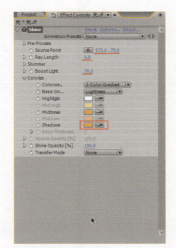

图5-33 参数设置

05 执行"Effect (特效) >Styline (个性) >Glow (强光) "命令, 如图5-34所示。

图5-34 添加特效2

【5.3 后期合成制作】

完成了所有元素的制作之后，接下来开始进行后期制作。

5.3.1 创建合成

下面对已经制作完成的进行合成，合成后的效果如下图所示。

01 执行"Compostion（合成）> New Compostion（新建合成）"命令，在Composition Settings（合成设定）"对话框中设置参数如图5-35所示。

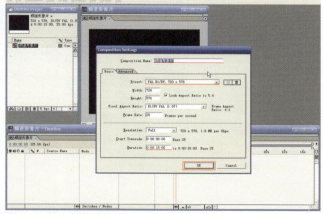

图5-35 新建合成

02 执行"File（文件）>Import（导入）> File（文件）"命令，弹出名为"File Import（文件导入）"的对话框，导入随书光盘"第五章\素材\背景"文件夹中的文件，将文件拖入时间线窗口中，如图5-36所示。

图5-36 调入素材文件

03 按照前面的方法，导入随书光盘"第五章\素材\malang_rays"文件夹中的文件，并将文件拖入时间线窗口，放置在第一层位置，如图5-37所示。

图5-37 导入素材文件

04 按[Ctrl+D]组合键复制文件，都选用将文件模式都设定为"Add（叠加）"方式，如图5-38所示。

图5-38 设置文件模式

05 按照同样的方法导入随书光盘"第五章\素材\spray_particle"文件夹中的文件，将其拖入时间线窗口第一层位置，然后按[]]键，调整图层在时间窗口中开始播放的时间，如图5-39所示。

图5-39 调整文件开始播放时间

06 按[Ctrl+D]组合键复制产生一个新的文件，将文件模式设置为"Overlay（覆盖）"，如图5-40所示。

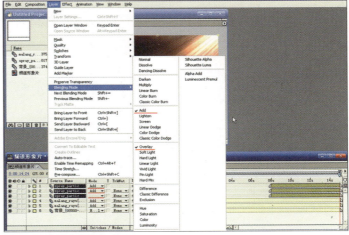

图5-40　设置文件叠加方式

07 用同样的方法将图中所示的文件导入AE，并设置文件的图层位置和开始播放时间，如图5-41所示。

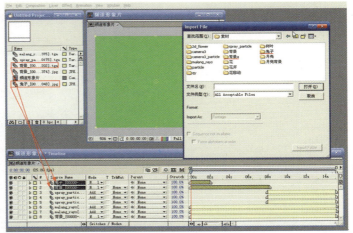

图5-41　调入素材文件

08 对第一层"兔子"图层添加特效，执行"Effect（特效）>Keying（扣像）>Keylight（扣光）"命令，如图5-42所示。

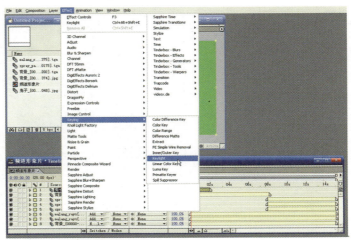

图5-42　添加图层特效

09 选择特效内图中所示的吸管，在画面所示处单击一下，如图5-43所示。

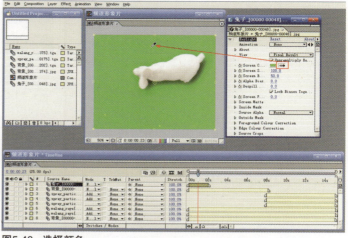

图5-43　选择颜色

10 此时可以看到画面的绿色部分被扣像掉了，如图5-44所示。

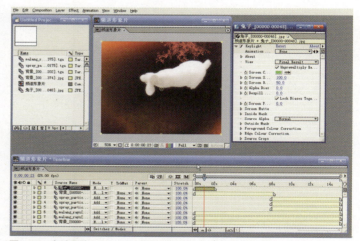

图5-44　去除颜色

11 将素材文件夹内的"particle"、"花"、"月亮"和"月亮背景"文件夹中的文件分别导入 AE 中，按图中所示进行文件图层位置摆放，其中，设置"particle"文件模式为"Add（叠加）"方式，"yue_[00000]"文件模式为"Screen（屏幕混合）"方式，如图 5-45 所示。

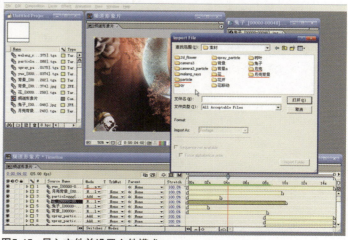

图5-45　导入文件并设置文件模式

12 将时间设置为0:00:05:15,执行"File（文件）>Import（导入）> File（文件）"命令,弹出名为"File Import（文件导入）"的对话框,导入随书光盘"第五章\素材\carmer3"文件夹中的文件,将图层的"Position（位置）"属性记录关键帧按钮打开,如图5-46所示。

图5-46　导入文件并打开关键帧记录按钮

13 下面制作图层动画。关键帧参数如图5-47所示。

图5-47　记录动画关键帧

Time（时间）	Position（位置）
0：00：05：15	939.0, -266.0, 710.0
0：00：10：10	647.0, 979.0, 716.0

Time（时间）	Opacity（透明）
0：00：05：15	0
0：00：06：05	10

14 鼠标右键单击"Position（设置）"参数的最后一个关键帧,选择"Keyframe Assistant（关键帧助手）> Easy Ease In（设置所选择进入关键帧速率）"命令,如图5-48所示。

图5-48　设置关键帧参数

15 执行〝Effect（特效）>
Blur&Sharpen（模糊和锐
化）>Gaussian Blur（高斯
模糊）〞命令，参数设置为
100.0，如图5-49所示。

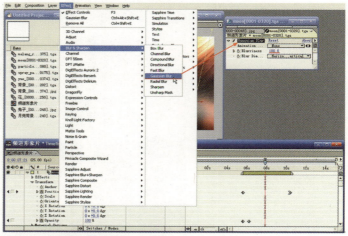

图5-49　设置高斯模糊参数

16 按[Ctrl+D]组合键，复
制产生一个新的文件图层，
将文件模式设置为〝Screen
（屏幕混合）〞方式，如图
5-50所示。

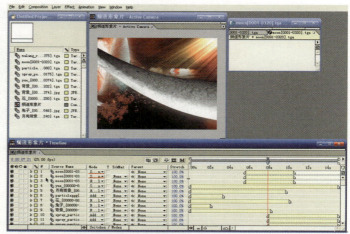

图5-50　复制产生新图层并设置文件模式

17 执行〝Effect（特效）>
Adjust（调整）>Hue/Satu-
ration（色相饱和度）〞命
令，参数设置如图5-51所示。

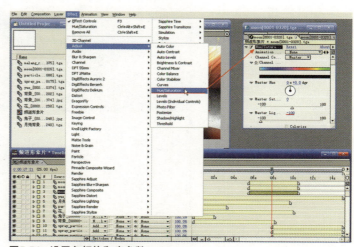

图5-51　设置色相饱和度参数

18 执行"Effect（特效）> Compostion（合成）>Make Movie（输出影片）"命令，如图5-52所示。

图5-52 执行输出影片命令

19 在AE的"Render Queve（渲染队列）"窗口中，单击"Output Module（输出类型）"后的"Lossless"，在"Output Module Settings（输出类型设定）"对话框中进行设置，如图5-53 所示。

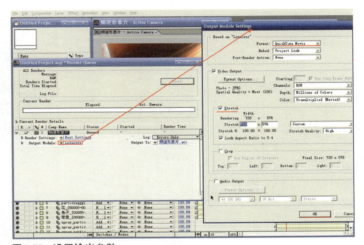

图5-53 设置输出参数

20 设置完成后，单击Render（渲染）按钮，即开始渲染影片，如图5-54所示。

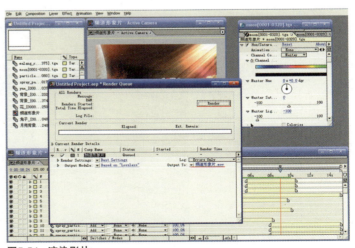

图5-54 渲染影片

5.3.2 Trapcode插件解析

01 插件Trapcode为第三方公司生产的特效插件,它内置了3DStroke(路径描边)、Lux(聚光灯)、Particular(粒子特效)、Shine(发光)、SoundKeys(声音跟随)、Starglow(星光)等特效。这套插件在后期制作时使用率非常高,是后期制作不可或缺的插件套组,Trapcode菜单命令如图5-55所示。

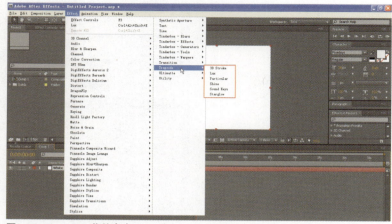

图5-55　Trapcode菜单命令

02 插件Trapcode的安装方法是将After Effects的插件图标复制到After Effects安装目录下的Support Files>Plugins文件夹中,启动AE即可使用Trapcode下的特效。如果在所加的画面出现红色叉号,说明该插件还没有注册。3Dstork特效如图5-56所示。

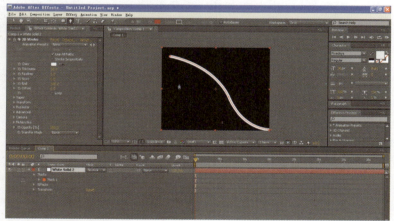

图5-56　3DStroke特效

03 插件Trapcode中的Lux(聚光灯)特效可以添加After Effects内的灯光图层,添加该特效即可自动生成聚光灯效果,如图5-57所示。

图5-57　Lux特效

04 插件Trapcode中的Par-ticular（粒子特效）可以添加After Effects内的固态图层，添加该特效即可自动生成各类粒子效果，如图5-58所示。

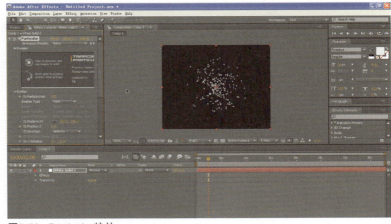

图5-58 Particular特效

05 插件Trapcode中的Sh-ine（发光）特效可以添加After Effects内的文字图层，输入文字后然后添加该特效即可自动生成光芒四射的效果，如图5-59所示。

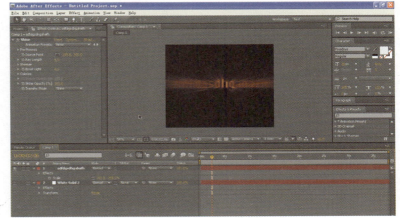

图5-59 Shine特效

06 插件Trapcode中的Star-glow（星光）特效，可以添加After Effects内的文字图层，输入文字后然后添加该特效即可自动生成星光效果，如图5-60所示。

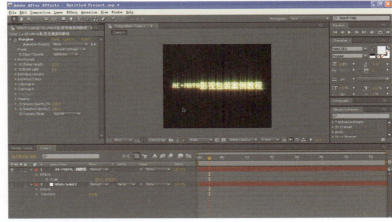

图5-60 Starglow特效

"限时抢购"
栏目片头

创意阐述

本例要表现"限时购物"的综合特征，快速转动的时钟代表时间紧迫，配合闪烁耀眼的舞台氛围，让人产生强烈购物冲动。

镜头阐述

第一个镜头是一个时钟冲到镜头前迅速消失；第二个镜头紧接上个镜头动势，时钟从局部到整体进行展示；第三个镜头摄影机在时钟右侧从上而下滑过，时钟不停转动；第四个镜头时钟由近及远慢慢旋转；第五个镜头为快速切换画面，给人强烈的视觉冲击；第六个镜头栏目标识定版落幅。

技术要点

本章运用大量摄影机动画切换镜头，利用Maya制作大量动画序列。动画为本章的难点，合成是本章的精髓。

创意分镜头

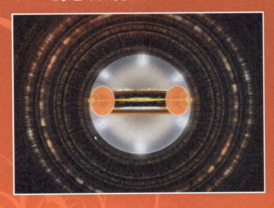

【6.1 制作模型】

首先，我们来制作模型，此处我们会采用在原有模型上添加细节的方法完成建模工作。

01 首先来了解一下场景的大体构造，以便对整体有个把握，如图6-1~图6-2所示。

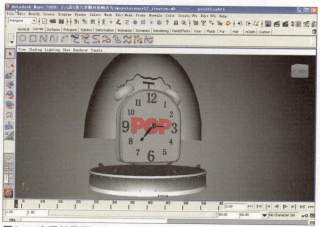

图6-1　查看效果图1

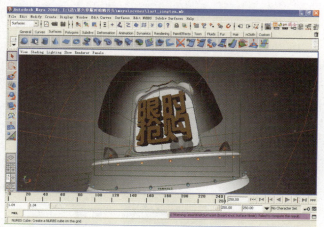

图6-2　查看效果图2

02 下面，我们以创建模型上的一个零件为主进行讲解。启动Maya软件，在Front视图中，单击"Create（创建）>Text（文字）"命令后的 ▫ 按钮，在对话框中输入"POP"，选择"黑体"，类型选择"Curve（曲线）"，如图6-3所示。

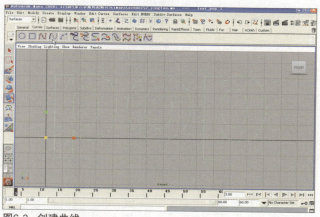

图6-3　创建曲线

03 选中曲线，按住鼠标右键，进入子菜单，执行"Curve Point（加点）"命令，如图6-4所示。

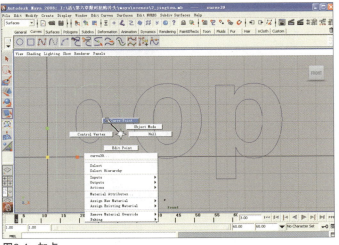

图6-4 加点

04 按住[Shift]键为曲线添加两个点，执行"Edit Curves（编辑曲线）>Detach Curves（打断曲线）"命令，如图6-5所示。

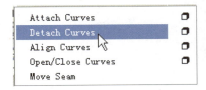

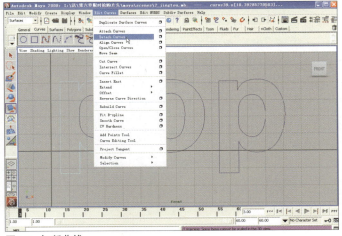

图6-5 打断曲线

05 查看执行命令后的曲线效果，如图6-6所示。

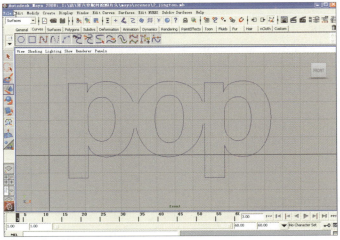

图6-6 查看效果

06 使用缩放工具和位移工具调整曲线上的点，效果如图6-7所示。

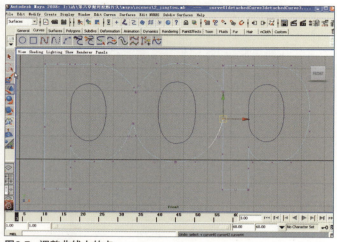

图6-7 调整曲线上的点

07 选中"O"形曲线，用缩放工具调整其大小。按[Shift]键同时选中两条线，单击"Edit Curves（编辑曲线）> Attach Curves Options（合并曲线）"后边的□按钮，设置如图6-8所示。使用同样的方法把所有的线合并。

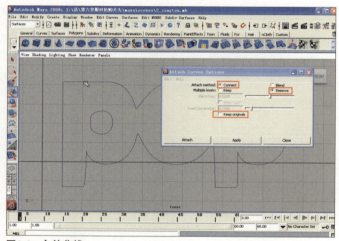

图6-8 合并曲线

08 选中所有的线，执行"Surfaces（曲线）>Bevel（倒角）"命令，如图6-9所示。

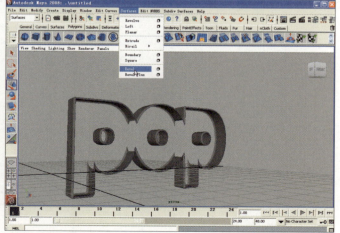

图6-9 倒角

09 选中所有的线，执行 "Surfaces（曲线）> Planar（成面）" 命令。相反的一面也采用同样的方式处理。至此，该模型制作完毕，如图6-10所示。

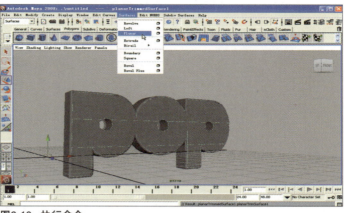

图6-10 执行命令

6.2 创建材质和灯光

下面，我们开始为刚才制作的模型添加材质和灯光。

6.2.1 创建文字的正面材质

首先，来制作文字的正面材质，制作完成的效果如右图所示。

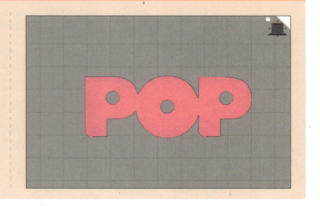

01 执行 "Window（窗口）> Rendering Editors（渲染编辑器）> Hypershade（超链接材质编辑器）" 命令，打开材质编辑器窗口，如图6-11所示。

图6-11 打开材质编辑窗口

02 单击左边的"Blinn"材质球按钮，会在右边的上下栏中分别新创建名为"blinn1"的材质球，如图6-12所示。

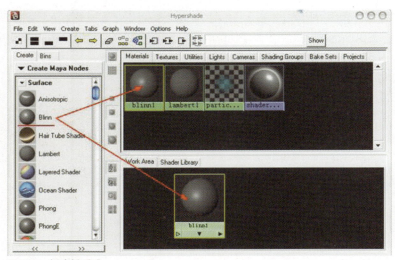

图6-12 新建材质球

03 双击名为"blinn1"的材质球，弹出名为"Attribute Editor: blinn1"的编辑材质球属性对话框，单击"Color（颜色）"属性，单击颜色按钮，改颜色为H:340，S:0.85，V:0.74，如图6-13所示。

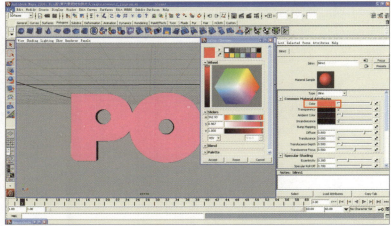

图6-13 设置颜色

04 选择模型的正面，鼠标右键单击"blinn1"材质球，执行"Assign Material To Selection（材质赋予选择物体上）"命令，如图6-14所示。

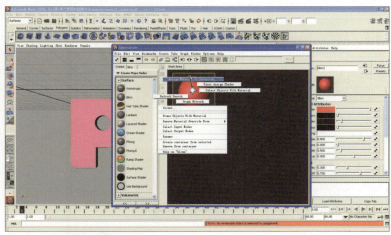

图6-14 将材质赋予选择物体上

6.2.2 创建文字的倒边材质

接下来，我们开始制作文字的倒边材质，制作完成的效果如右图所示。

01 新建"blinn12"材质球，其参数设置如图6-15所示。

02 为材质球添加一个"ramp22（渐变）"节点，单击一下颜色条旁最上边圆圈，示为选中该颜色控制区域，双击"Selected Color（选择颜色）"后的颜色条，弹出名为"Color Chooser（颜色设置）"对话框，设置颜色，最后参数设置如图6-16所示。

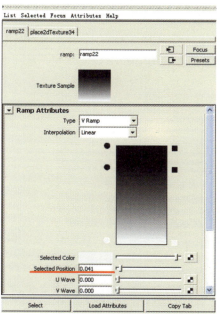

图6-15 设置材质球参数

图6-16 设置Ramp节点参数

03 将"ramp22（渐变）"节点的"Out Color"属性连接到blinn12材质球的"Color"属性上，如图6-17所示。

04 再创建"ramp23（渐变）"节点，设置颜色从上到下为："H:350，S:0，V:0.137"；"H:350，S:0，V:0.137"；"H:350，S:0，V:1"；"H:350，S:0，V:0.6"；"H:350，S:0，V:0.6"；"H:350，S:0，V:1"，如图6-18所示。

图6-17　连接属性1

图6-18　设置Ramp节点参数1

05 将"ramp23（渐变）"节点的"Out Color"属性连接到blinn12材质球的"Reflected Color"属性上，如图6-19所示。

06 用同样的方法再创建"ramp 24（渐变）"节点，设置颜色从上到下为："H:350，S:0，V:1"；"H:350，S:0，V:0.7"；"H:350，S:，V:0.2"；"H:350，S:0，V:0.2"；"H:350，S:0，V:1"，如图6-20所示。

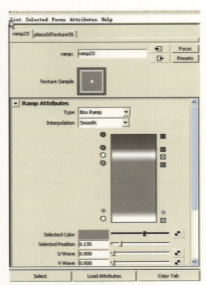

图6-19　连接节点属性2

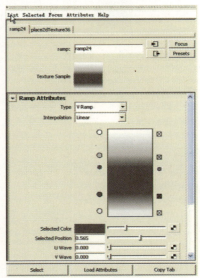

图6-20　设置Ramp节点参数2

07 将"ramp24(渐变)"节点的"Out Alpha"属性连接到blinn12材质球的"Reflectivity"属性上,如图6-21所示。

08 再创建"SamplerInfo(信息采样)"节点,将"Sampler Info(信息采样)"节点的"Facing Ratio"属性连接到"ramp22"节点的"uvCoord"下的"vCoord"属性,如图6-22所示。

图6-21　连接属性1

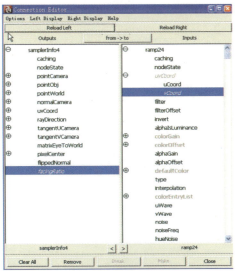

图6-22　连接属性2

09 将"Sampler Info(信息采样)"节点的"Facing Ratio"属性连接到"ramp23"和"ramp24"节点的"uvCoord"下的"vCoord"属性上,完成倒边材质的制作,如图6-23所示。

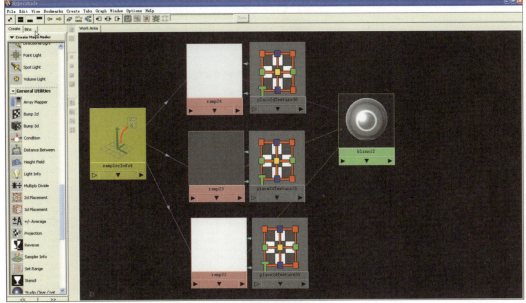

图6-23　连接属性3

6.2.3 创建文字的侧面材质

接下来我们为文字添加侧面材质，制作完成的效果如右图所示。

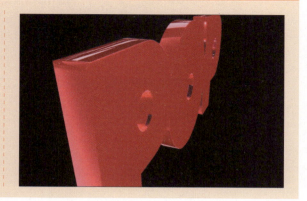

01 新建"Layered Shader（分层渐变）"材质球，并为其添加"Granite（花岗岩）"节点，其参数设置如图6-24所示。

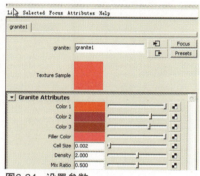
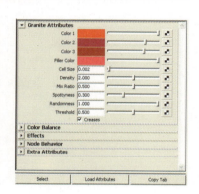

图6-24 设置参数

02 新建"blinn"材质球，重命名为"biaocengqiu"，按住鼠标中键拖住"Granite"节点到"blinn"材质的"Specular Roll Off"属性上，如图6-25所示。

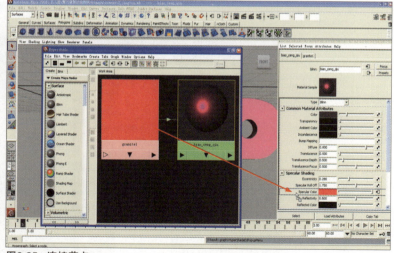

图6-25 连接节点

03 选中"blinn（biaoceng-qiu）"材质球，并按住鼠标中键拖动到"Layered Shader Attributes（分层渐变属性）"下的层中，如图6-26所示。

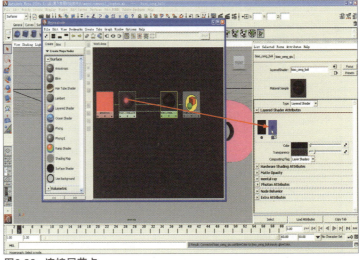

图6-26 连接层节点

04 再新建一个"blinn"材质球，重命名"tou-ming-boli1"，选中"blinn（tou-ming-boli1）"材质球，按住鼠标中键拖动到"Layered Shader Attributes（分层渐变属性）"下的层中。按鼠标中键拖动层，移动两层的顺序，使blinn（tou-ming-boli1）材质球为第一层，如图6-27所示。

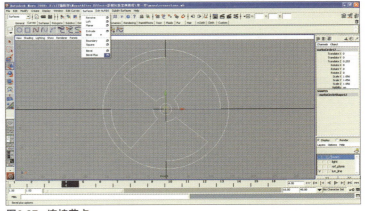

图6-27 连接节点

05 在材质编辑器窗口中创建"Env Chrome"节点，参数设置如图6-28所示。

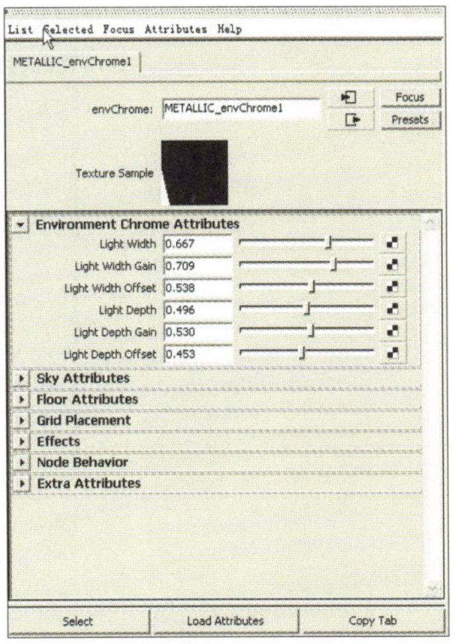

图6-28 设置参数

06 将"Env Chrome"节点的"Out Color"属性连接到"blinn (tou-ming-boli1)"材质球的"Reflected Color"属性上，如图6-29所示。

07 创建"ramp1"节点，设置颜色从上到下为："H:360，S:1，V:0"；"H:360，S:1，V:0.2"，如图6-30所示。

图6-29　连接属性1

图6-30　设置参数1

08 将"ramp1"节点的"Out Color"属性连接到"blinn（tou-ming-boli1）"材质节点的"Transparency"属性上，如图6-31所示。

09 在材质编辑器窗口中创建"Sampler Info（信息采样）"节点，将"Sampler Info"节点的"Facing Ratio"属性连接到Ramp1节点的"uv Coord"下的"vCoord"属性上。

创建"Ramp2"节点，设置颜色从上到下为："H:360，S:1，V:0"；"H:360，S:1，V:0.3，"如图6-32所示。

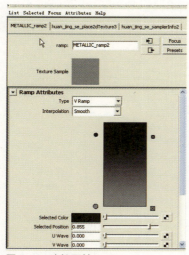

图 6-31　连接属性2

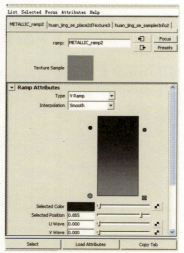

图6-32　设置参数2

10 将"ramp1"节点的"Out Alpha"属性连接到"blinn（tou-ming-boli1）"材质球的"Reflectivity"属性上。

创建"Sampler Info（信息采样）"节点，将"Sampler Info（信息采样）"节点的"Facing Ratio"属性连接到"ramp2"节点的"uvCoord"下的"vCoord"属性上，完成的侧面材质的创建，如图6-33所示。

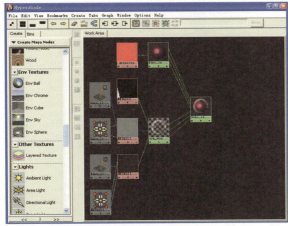

图6-33 查看节点连接效果

11 单击 按钮，渲染单张图片，如图6-34所示。

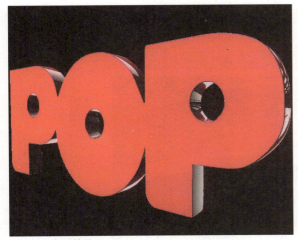

图6-34 查看效果

12 接下来，为场景中的其他模型添加材质。执行"File（文件）> Import（导入）"命令，导入"zuan-shi"文件，再复制5颗钻石，等距离分布在舞台周边。

舞台的材质分为三部分，顶底、倒边和圆柱。首先创建顶底的材质。新建"Lambert23"材质球，单击Color后的 按钮，弹出对话框，单击"As Projection"单选按钮并单击"File"节点，如图6-35所示。

单击Image后面的 按钮，导入随书光盘"第六章\素材\bb"文件夹中的序列图片。按住鼠标中键把"File"节点拖到"blinn11"材质球上，在弹出下拉列表中选择"ambientColor"选项。

图6-35 创建节点

13 接下来开始舞台倒边材质。新建"blinn10"材质球，添加"Env Ball"节点，将Env Ball的"Out Color"属性连接到"blinn10"材质球的"Color"属性上。

单击Image Name后面的█按钮，找到随书光盘"第六章\素材\huan_jing_tu\3_2_REF"文件，如图6-36所示。

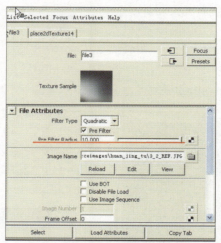

图6-36 设置参数

14 下面制作舞台的材质。新建"blinn11"材质球，单击Color后的█按钮，弹出对话框，单击"As Projection"单选按钮并单击File节点，单击Image后面的█按钮，导入随书光盘"第六章\素材\aa"文件夹中的序列文件。

执行"Create（创建）> Polygon Primitives（多边形基本几何体）> Sphere（球体）"命令，然后复制多个球体，镶嵌在圆柱的表面。新建两个"blinn"材质球，分别设置为不同的颜色，将颜色赋予两圈小球，如图6-37所示。

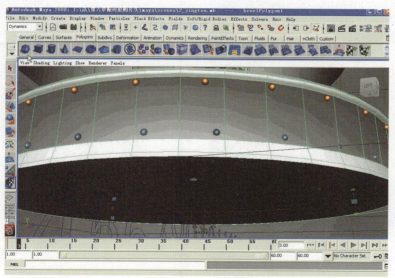

图6-37 设置小球材质

15 给黄色球上的材质添加节点并设置关联属性，如图6-38所示。

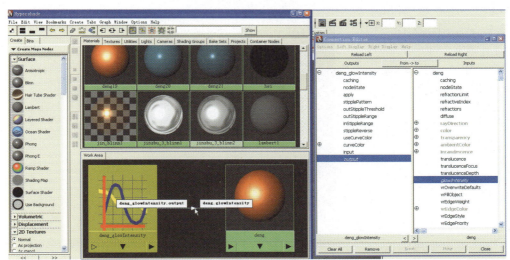

图6-38 创建节点

16 调节蓝色球材质的"Specular Color（高光颜色）"和"Glow Intensity（辉光光晕强度）"参数，如图6-39所示。

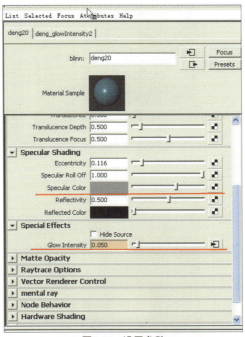

图6-39 设置参数

17 新建"blinn7"材质球，单击Color后的 ■ 按钮，弹出对话框，单击"As Projection"单选按钮并单击"File"节点，单击Image Name后面的 ■ 按钮，导入随书光盘"第六章\素材\huan_jing_tu\4_1_REF.JPG"文件，选中坐标，设置参数如图6-40所示。

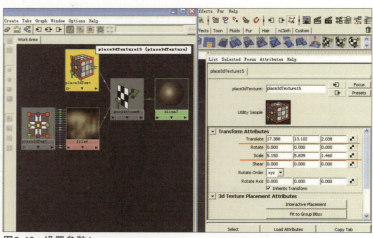

图6-40 设置参数1

18 选择场景内的模型后，鼠标右键单击材质球，选择"Assign Material To Selection（材质赋予选择物体上）"命令，如图6-41所示。

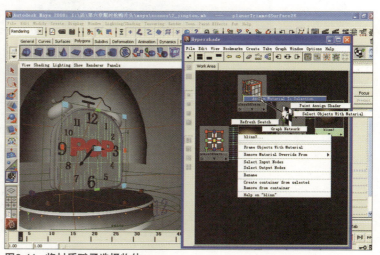

图6-41 将材质赋予选择物体

19 创建"blinn1"材质球和"envSphere1"环境球，将"envSphere1"的"OutCol-or"属性连接到"blinn1"的"Reflecrivity Color"属性上，选中"envSphere1"，单击Image后面的 ■ 按钮，选择ramp节点，设置颜色为："H:360, S:0, V:1"，"H:360, S:0, V:0.3"，"H:360, S:0, V:1"，"H:360, S:0, V:1"，"H:360, S:0, V:0.3"；"H:360, S:0, V:1"，其他参数设置如图6-42所示。

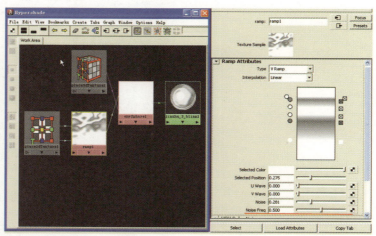

图6-42 设置参数2

20 选择场景内的模型后，鼠标右键单击材质球，选择"Assign Material To election（材质赋予选择物体上）"命令，如图6-43所示。

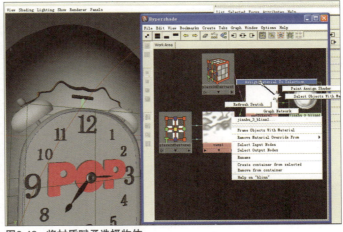

图6-43 将材质赋予选择物体

21 选中"blinn1"材质球，执行"Edit（编辑）> Duplicate（复制）> Shading Network（阴影网络）"命令，复制出"blinn2"材质球，如图6-44所示。

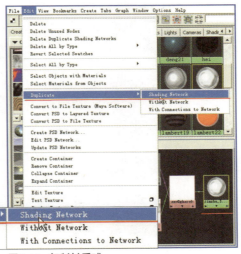

图6-44 复制材质球

22 更改"Specular Color（高光颜色）"的参数，将其设置为，"H:360，S:0，V:0.5"，并将其该材质赋予物体，如图6-45所示。

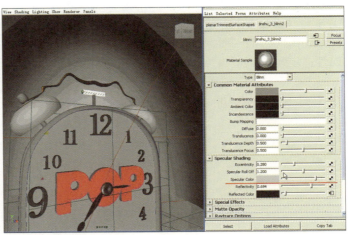

图6-45 设置参数

23 选中"blinn11"材质球，执行"Edit（编辑）> Duplicate（复制）> Shading Network（阴影网络）"命令，复制"blinn11"材质球，选中三维坐标，参数设置如图6-46所示。

图6-46 设置参数

24 选择场景内的模型后，鼠标右键单击材质球，选择"Assign Material To Selection（材质赋予选择物体上）"命令，如图6-47所示。

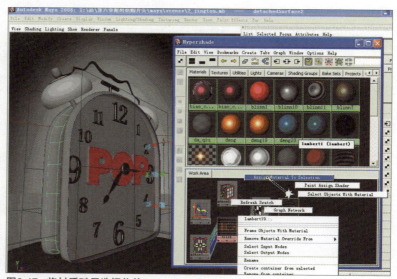

图6-47 将材质赋予选择物体

25 创建"blinn24"材质球，并添加"ramp21"节点，将"ramp21"的"Out Color"属性连接到"Blinn24"的"Color"属性上，设置渐变颜色从上到下为"H:40，S:1，V:1"；"H:360，S:1，V:1"；"H:360，S:1，V:0.6"，参数设置如图6-48所示。

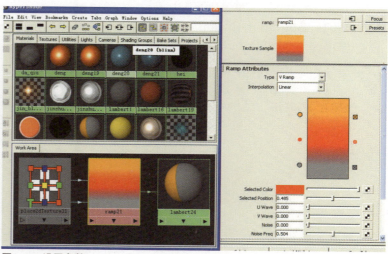

图6-48 设置参数

26 选择场景内的模型后，鼠标右键单击材质球，选择"Assign Material To Selection（材质赋予选择物体上）"命令，如图6-49所示。

图6-49 将材质赋予选择物体

27 创建"Lambert22"材质球并添加"ramp"节点，将"ramp"节点的"Out Color"属性连接到"Lambert22"材质球的"Color"属性上，创建"Sampler Info"节点，将"FacingRatio"属性连接到"ramp"的"V Color"属性上，渐变参数设置如图6-50所示。

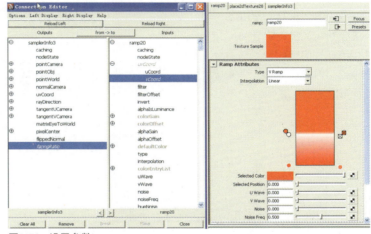

图6-50 设置参数

28 选择场景内的模型后，鼠标右键单击材质球，选择"Assign Material To Selection（材质赋予选择物体上）"命令，如图6-51所示。

图6-51 将材质赋予选择物体

29 创建"blinn"材质球,重命名为"shuzi",添加"ramp11"节点,连接到"shuzi"材质球的"Reflectivity"节点上,设置渐变颜色依次为"H:360,S:0,V:0.2";"H:360,S:0,V:0.8"。创建"env ball3"材质球,将其连接到"Reflected Color"属性上,如图6-52所示。

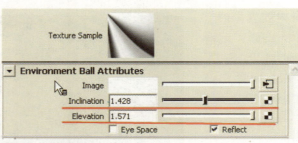

图6-52 设置参数1

30 单击"env ball3"材质球属性框的Image后的 按钮,添加"ramp10"节点,渐变颜色从上到下依次为"H:360,S:0,V:1";"H:360,S:0,V:0.6";"H:360,S:0,V:0";"H:360,S:0,V:1",参数设置如图6-53所示。

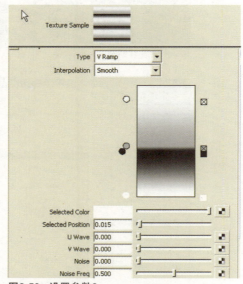

图6-53 设置参数2

31 选中场景中的模型表面,鼠标右键单击材质球,选择"Assign Material To Selection(材质赋予选择物体上)"命令,如图6-54所示。

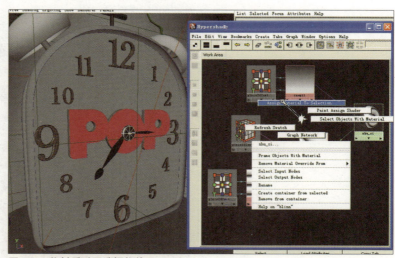

图6-54 将材质赋予选择物体

32 选中"blinn1"材质球，执行"Edit（编辑）> Duplicate（复制）> Shading Network（阴影网络）"命令，复制材质球并重命名为"shuzi-1"，参数设置如图6-55所示。

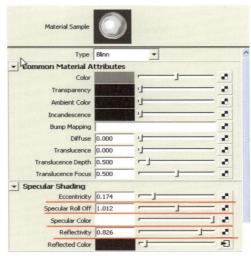

图6-55 设置参数1

33 选择场景内的模型后，鼠标右键单击材质球，选择"Assign Material To Selection（将材质赋予选择物体上）"命令，如图6-56所示。

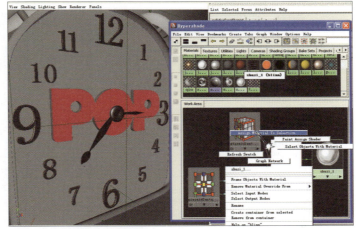

图6-56 将材质赋予选择物体

34 下面为场景中的其他模型添加材质。新建"blinn"材质球，命名为"zi1"，新建"Env Ball116"，将"Env Ball116"的"Out Color"属性连接到"zi1"的"Reftecled Color"属性上。设置zi1的"Color"参数为"H:51，S:1，V:0.9"，如图6-57所示。

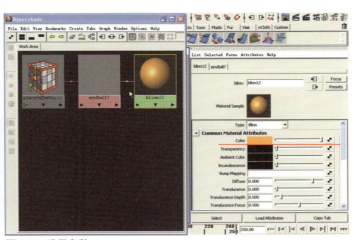

图6-57 设置参数2

35 创建"ramp 16"节点，渐变颜色从上到下依次为"H:360，S:0，V:1"；"H:360，S:0，V:0.7"；"H:360，S:0，V:0.15"；"H:360，S:0，V:1"，其他参数设置如图6-58所示。

36 选择"ramp 16"节点的坐标，参数设置如图6-59所示。

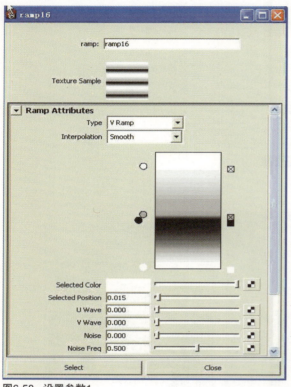

图6-58 设置参数1

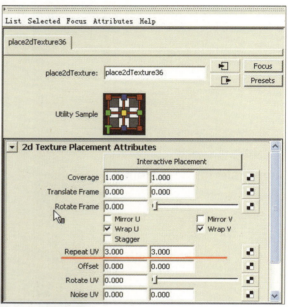

图6-59 设置参数2

37 将"ramp 16"节点的"Out Color"属性连接到"Eev Ball"的"Image"属性上。设置Eev Ball的参数如图6-60所示。

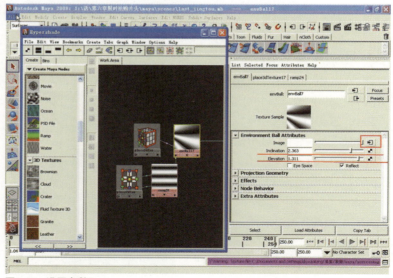

图6-60 设置参数3

38 设置blinn材质球的参数，如图6-61所示。

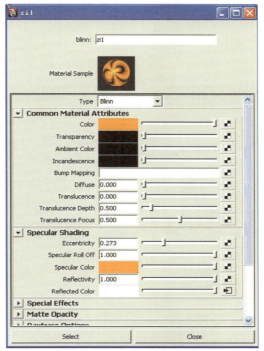

图6-61　设置参数

39 选中模型，鼠标右键单击材质球，选择"Assign Material To Selection（将材质赋予选择物体上）"命令，如图6-62所示。

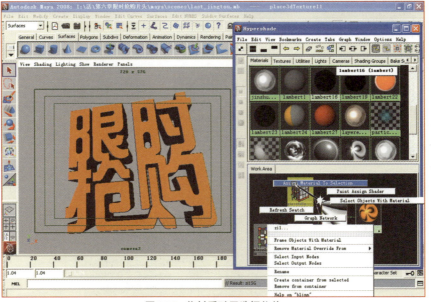

图6-62　将材质赋予选择物体

40 选中"zi1"材质球，在"Hypershade（超链接材质编辑器）"窗口中，执行"Edit（编辑）>Duplicate（复制）> Shading Network（阴影网络）"复制材质球，重命名为"zi"，如图6-63所示。

41 新建"ramp15"节点，渐变颜色从上到下依次为"H:360，S:0，V:0.2"；"H:360，S:0，V:0.9"，其他参数设置如图6-64所示。

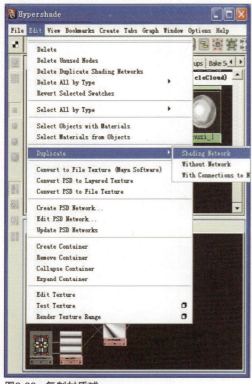

图6-63 复制材质球

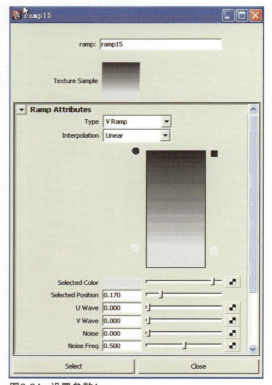

图6-64 设置参数1

42 将"ramp15"节点的"Out Alpha"属性连接到"zi"的"Reflectivity"属性上。将"Specular Color（高光颜色）"改成白色，如图6-65所示。

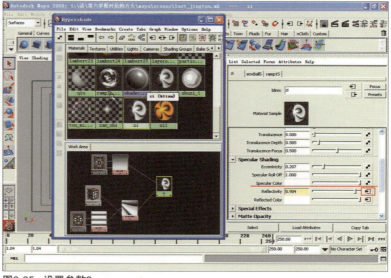

图6-65 设置参数2

43 选择场景内的模型后,鼠标右击材质球,选择"Assign Material To Selection(将材质赋予选择物体上)"命令,将"zi"材质球赋予字的侧面,如图6-66所示。

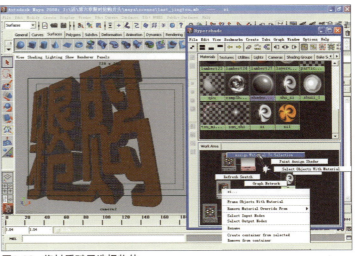

图6-66 将材质赋予选择物体

6.2.4 在场景中创建粒子

材质制作完成之后,接下来我们在场景中添加粒子,效果如右图所示。

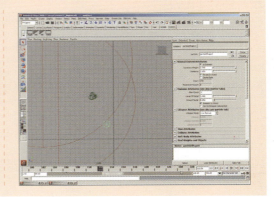

01 切换到"Dynamics(动力学)"模式,执行"Particles(粒子)>Create Emitter(创建发射器)"命令,创建粒子发射器,参数设置如图6-67所示。

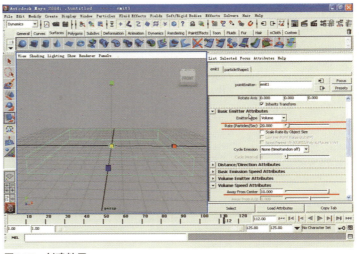

图6-67 创建粒子

02 选择场景内的粒子,单击"Fields(场)>Gravity(重力场)"命令后的 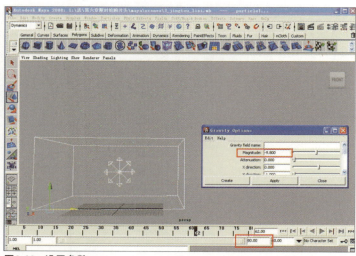 图标,弹出名为"Gravity Options(重力场选项)"对话框,设置参数如图6-68所示。

图6-68 设置参数

6.2.5 在场景中添加灯光

接下来,我们要为整个场景添加灯光,添加完成之后的效果如右图所示。

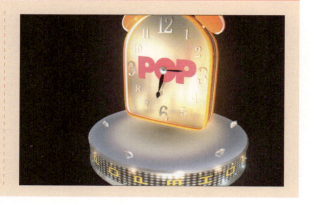

01 执行 "Create(创建)>NURBS Primitives(NURBS基本几何体)>Sphere(球体)"命令,创建球体,按[Ctrl+A]组合键,弹出名为编辑球体节点属性对话框,参数设置如图6-69所示。

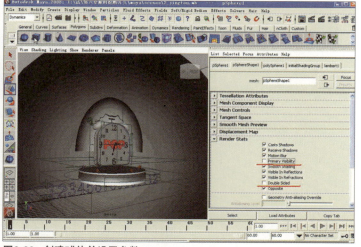

图6-69 创建球体并设置参数

02 执行"Create（创建）> Lights（灯光）> Point Light（点光源）"命令，如图6-70所示。

图6-70 创建灯光

03 设置点光源的参数如图6-71所示。然后再复制三盏灯光，上、下、左、右各放一盏灯光，提高环境整体的亮度。

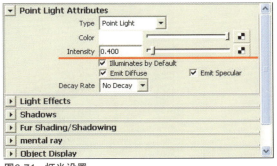

图6-71 灯光设置

04 执行"Create（创建）> Light（灯光）> Point Light（点光源）"命令，在正前方打一盏灯，设置"Intensity（强度）"参数为"0.7"，与其相对的方向再创建一盏Point Light（点光源），设置其"Intensity（强度）"为"0.5"。为每一颗钻石加一盏Point Light（点光源），设置其"Intensity（强度）"为"2.0"。场景中灯光布置完成，如图6-72所示。

图6-72 添加灯光

【6.3 制作动画并渲染输出】

动画分两部分，指针的动画和摄影机的动画，指针的动画比较简单，如何构图，如何选择特写的角度，都是摄影机动画需要考虑的问题了。我们在本章还将学到在Maya中进行分层渲染，然后到后期软件中将各层重新混合，这样每一层都可以进行单独调整。

6.3.1 制作指针动画和镜头一

首先，我们来制作鼠标动画和第一个镜头，制作完成的动画效果如下图所示。

01 首先制作时针的旋转动画，关键帧数和参数设置如图6-73所示。

时间轴帧数	Rotate Z（旋转Z轴）
1	-90
250	250

图6-73　记录关键帧1

02 接下来制作分针的旋转动画，关键帧数和参数设置如图6-74所示。

时间轴帧数	Rotate Z（旋转Z轴）
1	165
250	-2980

图6-74　记录关键帧2

03 将舞台周边的黄色小球打组，制作动画，关键帧数和参数设置如图6-75所示。

时间轴帧数	Rotate Y（旋转Y轴）
1	0
250	180

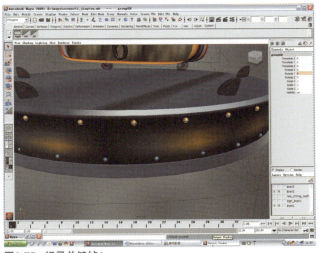

图6-75 记录关键帧1

04 将舞台周边的蓝色小球打组，制作动画，关键帧数和参数设置如图6-76所示。

时间轴帧数	Rotate Y（旋转Y轴）
1	180
250	0

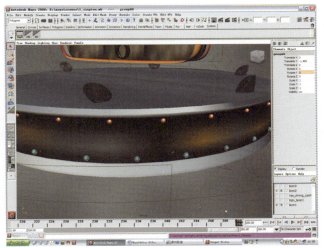

图6-76 记录关键帧2

05 将舞台、钻石、钻石中的灯光全选，按[Ctrl+G]组合键打组，制作动画，关键帧数和参数设置如图6-77所示。

时间轴帧数	Rotate Y（旋转Y轴）
1	0
250	-100

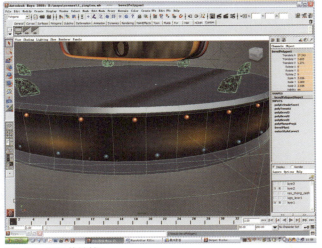

图6-77 记录关键帧3

06 执行〝Create（创建）>
Cameras（摄影机）> Came-
ra（摄影机）〞命令，创建
摄影机。在透视图执行〝Pa-
nels（面板）> Perspective（角
度）> camera1（摄影机）〞
命令，切换到摄影机视图，
调整摄影机的位置如图6-78
所示。

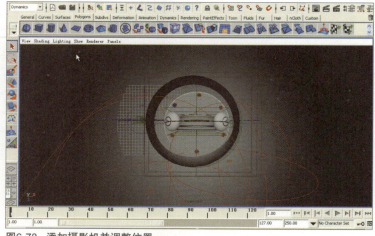

图6-78　添加摄影机并调整位置

07 在摄影机视图中执行
〝View（查看）>Camera
Attribute Editor（摄影机属性
编辑器）〞命令，调整摄影机
的Focal Length（焦距）参数
为17，如图6-79所示。

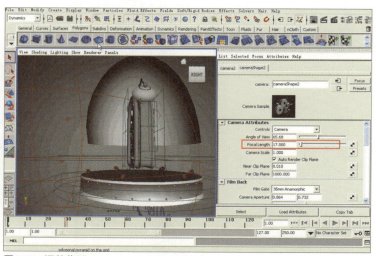

图6-79　调整焦距

08 选中摄影机，按[Ctrl+
A]组合键打开属性面板，调出
摄影机安全框，调整摄影机的
角度，如图6-80所示。

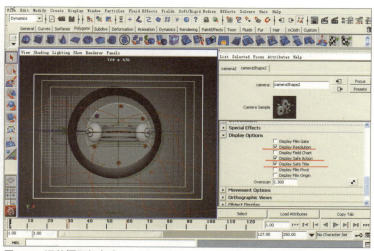

图6-80　调整摄影机角度

09 在摄影机视图中执行"View（查看）> Select Camera（选择摄影机）"命令选中摄影机，在时间轴第1帧设置一个摄影机的关键帧，镜头效果如图6-81所示。

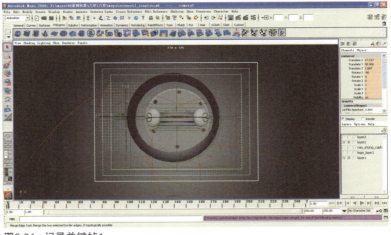

图6-81 记录关键帧1

10 调整摄影机镜头效果，在第30帧设置摄影机的关键帧，如图6-82所示。

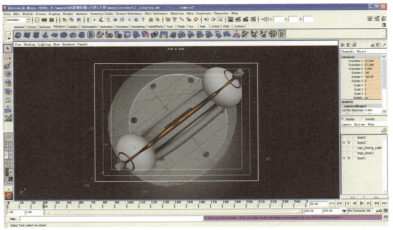

图6-82 记录关键帧2

11 继续调整摄影机镜头效果，在第31帧设置摄影机关键帧，如图6-83所示。

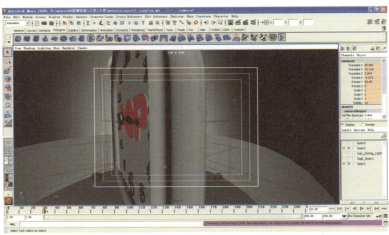

图6-83 记录关键帧3

12 继续调整摄影机镜头效果，在第60帧设置摄影机关键帧，如图6-84所示。

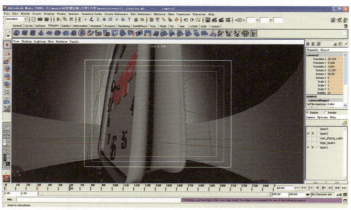

图6-84 记录关键帧1

13 下面给外部球体赋上材质。创建Lambert材质球，单击Color后的■按钮，弹出对话框，单击As Projection 和File节点按钮。单击Image后面的■按钮，选中Use Image Sequence（导入序列），单击Image Name后面的■按钮，弹出Open对话框，在FileType下拉列表中选择"Best Guess（*.*）"选项，导入随书光盘"第六章\素材\Maya\aa"文件夹中的序列文件，如图6-85所示。

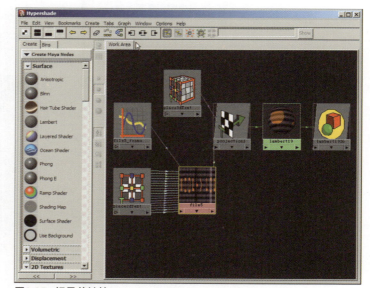

图6-85 记录关键帧2

14 执行"File（文件）> Project（项目）> New（新建）"命令。弹出名为"New Project（新建项目）"的对话框，设置参数如图6-86所示。

选择钟表物体层，切换到摄影机视图，按[F6]键切换到渲染模式，执行"Render（渲染）>Batch Render（批渲染处理）"命令渲染输出。至此，第一镜头制作完成。

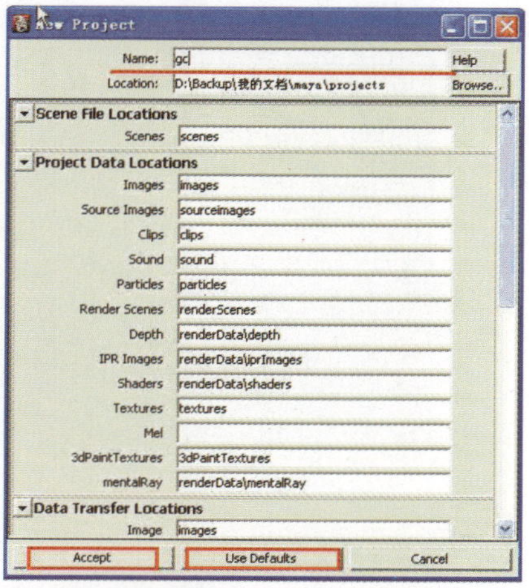

图6-86 新建文件夹

6.3.2 制作镜头二和镜头三

接下来，开始制作第二个和第三个镜头，制作完成的镜头效果如下图所示。

01 执行"Create（创建）>Cameras（摄影机）>Camera（摄影机）"命令，创建摄影机。单击Persp视图，然后在透视图中执行"Panels（面板）>Perspective（角度）> camera2（摄影机）"命令。切换到摄影机视图，执行"View（查看）>Select Camera（选择摄影机）"命令选中摄影机，在时间轴第帧设置一个摄影机关键帧，参数如图6-87所示。

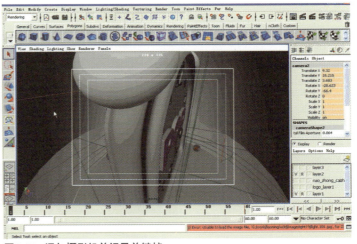

图6-87 添加摄影机并记录关键帧

02 调整摄影机位置，在第60帧设置摄影机关键帧，如图6-88所示。

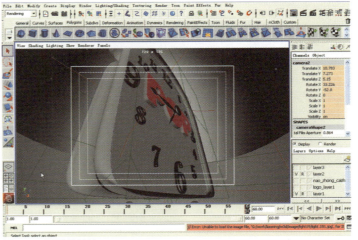

图6-88 记录关键帧

03 选择钟表物体层，切换到摄影机视图，按[F6]键切换到渲染模式，执行"Render（渲染）>Batch Render（批渲染处理）"命令，渲染输出。输出带通道的序列图，如图6-89所示。至此，第二镜头制作完成。

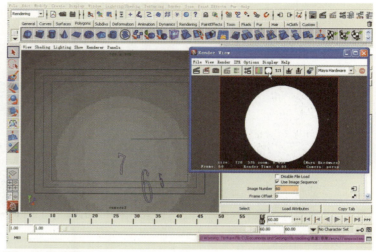

图6-89　输出图层

04 接下来制作第三镜头。执行"Create（创建）>Cameras（摄影机）>Camera（摄影机）"命令，创建摄影机。

在透视图执行"Panels（面板）>Perspective（角度）>camera3（摄影机）"命令。切换到摄影机视图，执行"View（查看）>Select Camera（选择摄影机）"命令选中摄影机，在时间轴第1帧设置一个摄影机关键帧，参数如图6-90所示。

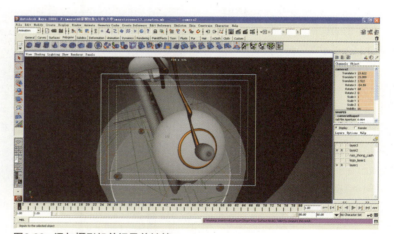

图6-90　添加摄影机并记录关键帧

05 调整摄影机位置，在第80帧设置摄影机关键帧，如图6-91所示。

选择钟表物体层，在摄影机视图中，按[F6]键切换到渲染模式，执行"Render（渲染）>Batch Render（批渲染处理）"命令，渲染输出。至此，第三镜头制作完成。

图6-91　记录关键帧

6.3.3 制作镜头四和镜头五

接下来开始制作第四个和第五个镜头，制作完成的镜头效果如下图所示。

01 执行"Create（创建）>
Cameras（摄影机）>Camera
（摄影机）"命令，创建摄影机。
在透视图中执行"Panels（面
板）>Perspective（透视图）>
camera4（摄影机）"命令，切换
到摄影机视图，执行"View（查
看）> Select Camera（选择摄
影机）"命令选中摄影机，在时
间轴第1帧设置一个摄影机关
键帧，参数如图6-92所示。

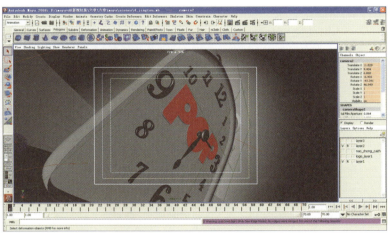

图6-92　添加摄影机并记录关键帧

02 调整摄影机位置，在第
70帧设置摄影机关键帧，如
图6-93所示。

选择钟表物体层，切换到
摄影机视图，按[F6]键切换到
渲染模式，执行"Render（渲
染）>Batch Render（批渲染
处理）"命令，渲染输出。至
此，第四镜头制作完成。

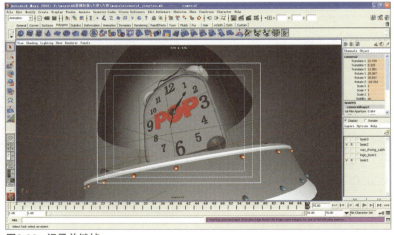

图6-93　记录关键帧

03 接下来制作第五镜头。选中时钟整体，按[Ctrl+G]组合键进行打组，做RotateY旋转（旋转Y轴）动画。第130帧时，设置一个关键帧，RotateY输入0，如图6-94所示。

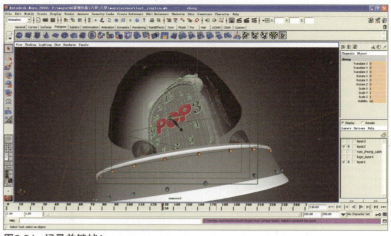

图6-94 记录关键帧1

04 第175帧时，设置一个关键帧RotateY输入360，如图6-95所示。

图6-95 记录关键帧2

05 执行"Create（创建）>Cameras（摄影机）>Camera（摄影机）"命令，创建摄影机。

在透视图窗口中执行"Panels（面板）>Perspective（角度）>camera4（摄影机）"命令，切换到摄影机视图，选择摄影机后，在第120帧设置摄影机关键帧，如图6-96所示。

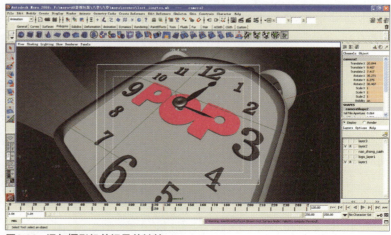

图6-96 添加摄影机并记录关键帧

06 调整摄影机位置，在第130帧设置摄影机关键帧，如图6-97所示。

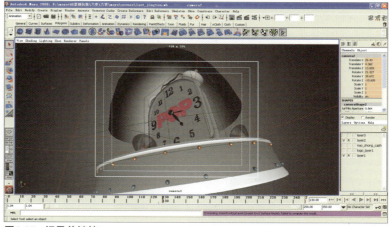

图6-97　记录关键帧1

07 调整摄影机位置，在第250帧设置摄影机关键帧，如图6-98所示。

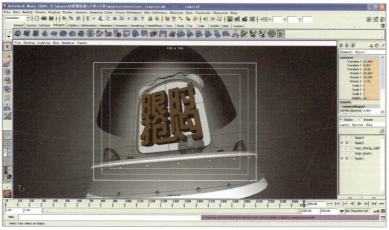

图6-98　记录关键帧2

08 接下来制作文字动画。选中"限时抢购"文字模型，在第149帧设置一个关键帧，将"Visibility（可视性）"参数设置为off，其他参数如图6-99所示。

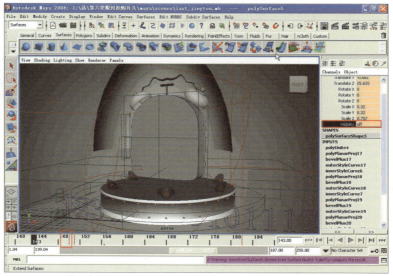

图6-99　记录关键帧3

09 在第150帧再设置一个关键帧，将"Visibility（可视性）"参数设置为on，其他参数如图6-100所示。

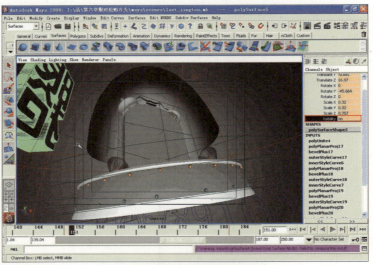

图6-100 记录关键帧1

10 在第180帧再设置一个文字模型的关键帧，参数设置如图6-101所示。按[F6]键切换到渲染模式，执行"Render（渲染）>Batch Render（批渲染处理）"命令，渲染输出。至此，第五个镜头制作完成。最后，单独显示粒子，在摄影机视图下，将粒子分层输出序列图。

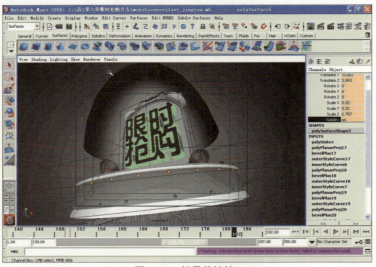

图6-101 记录关键帧2

【6.4 后期合成】

接下来，我们将分层渲染的序列图进行后期合成制作。

01 首先打开AE软件，执行"Composition（合成）>New Composition（新建合成）"命令，参数设置如图6-102所示。

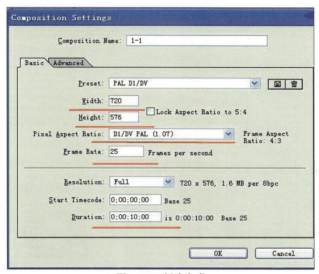

图6-102 新建合成

02 执行"File（文件）>Import（导入）>File（文件）"命令，弹出名为"File Import（文件导入）"的对话框，导入随书光盘"第六章\素材\1-1"文件夹中的文件，将序列文件拖入时间线窗口中，如图6-103所示。

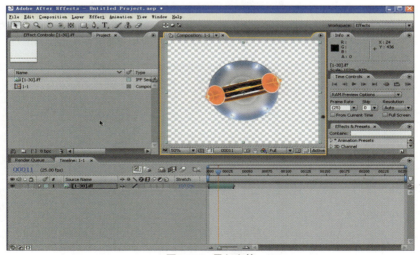

图6-103 导入文件

03 执行"Layer（层）> New（新建）> Soild（固态层）"命令，在弹出的Soild Settings（固态层设定）窗口中单击Color栏中的颜色图标，设置为黑色。在Tool（工具）栏中选择椭圆蒙版工具在Solid1图层上创建一个椭圆蒙版，勾选Inverted（反相）复选框，设置Mask Feather（遮罩羽化）参数如图6-104所示。

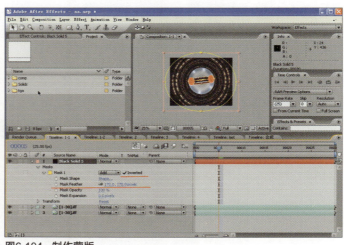

图6-104　制作蒙版

04 再创建一个固态层，其颜色设置为R:225，G:47，B:47。在Tool（工具）栏中选择钢笔工具，添加蒙版，图层模式设置为"Color（色彩）"模式，参数设置"Mask Feather（遮罩羽化）"，如图6-105所示。

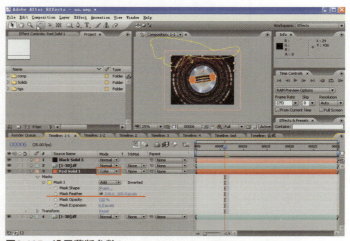

图6-105　设置蒙版参数1

05 再创建一个固态层，其颜色设置R:143，G:225，B:225。在Tool（工具）栏中选择钢笔工具，添加蒙版，图层模式设置为"Color（色彩）"模式，设置"Mask Feather（遮罩羽化）"参数如图6-106所示。

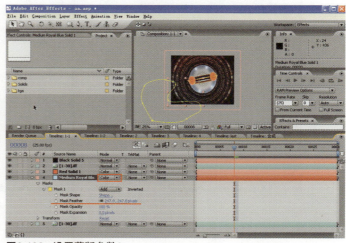

图6-106　设置蒙版参数2

06 执行"Composition（合成）>New Composition（新建合成）"命令，将其命名为"1-2"。导入先前渲染好的"1-1-shuzi"和"Images"文件夹中的图片，并且将序列文件拖入时间线窗口中。

将"1-1"中的"Red Solid"和"Medium Royal Blue Solid"图层选中，复制到"1-2"中，调整"Medium Royal Blue Solid"图层的位置，如图6-107所示。

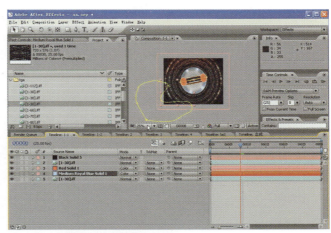

图6-107　复制图层并调整图层位置

07 执行"Composition（合成）> New Composition（新建合成）"命令，将其命名为2。导入"Images"和"2-shuzi"文件夹中的图片序列，并拖入时间线窗口中。

将"1-2"中的"Red Solid"和"Medium Royal Blue Solid"图层选中，复制到"2"中更改图层模式为"Color（色彩）"模式，如图6-108所示。

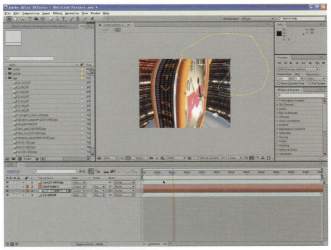

图6-108　复制图层并更改设置1

08 执行"Compostion（合成）>New Compostion（新建合成）"命令，将其命名为3，导入"bbb"、"shuzi"文件夹中的图片序列，并拖入时间线窗口中。

将"1-2"中的"Red Solid"和"Medium Royal Blue Solid"图层选中，复制到"3"中。将Medium Royal Blue Solid的颜色改为R:225，G:84，B:224，文件模式都改为"Color（色彩）"模式，如图6-109所示。

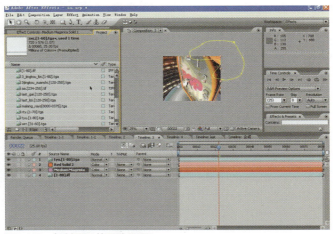

图6-109　复制图层并更改设置2

09 执行"Composition（合成）>New Composition（新建合成）"命令，将其命名为4，导入"天光"、"3_shuzi"、"3_jingtou_lizi"和"kkk"文件夹中的图片序列并拖入时间线窗口中。将"1-2"中的"Red Solid"和"Medium Royal Blue Solid"图层选中，复制到"4"中，图层文件模式改为"Color（色彩）"模式。选中"malang-rays"图层，执行"Effect（特效）>Color Correction（色彩校正）>Hue/Sa turation（色调/饱和度）"命令，参数设置如图6-110所示。

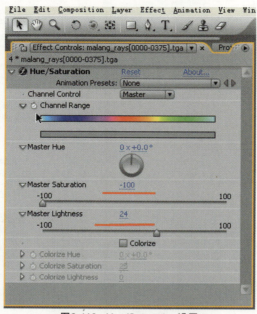

图6-110　Hue/Saturation设置

10 选中"malang-rays"图层，图层模式改为"Screen（屏幕混合）"模式叠加，制作动画如图6-111所示。

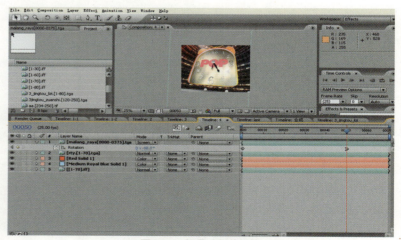

Time（时间）	Rotation（旋转）
0：00：00：00	-132
0：00：02：24	-88

图6-111　记录动画关键帧

11 复制"malang_rays"图层，在Tool（工具）栏中选择钢笔工具，添加蒙版，设置"Mask Feather（遮罩羽化）"参数，如图6-112所示，且与第4层建立父子连接。

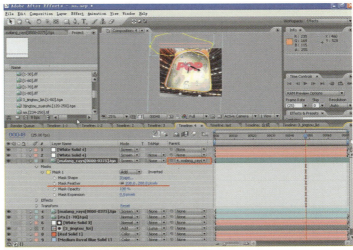

图6-112　复制图层添加遮罩且建立父子连接

12 执行"Layer（层）> New（新建）> Soild（固态层）"命令，在Soild Settings（固态层设定）"窗口中单击Color栏中设置颜色为白色。图层模式设置为"Screen（屏幕混合）"模式，选择钢笔工具添加蒙版，将"Mask Feather（遮罩羽化）"设置为120。给Mask Shape（遮罩形状）做动画，在第48帧时形状如图6-113所示。

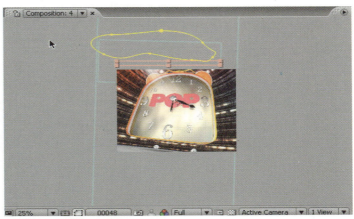

图6-113　制作蒙版动画1

13 在第57帧时遮罩形状如图6-114所示。

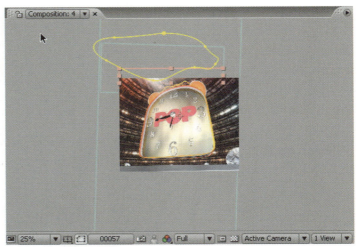

图6-114　制作蒙版动画2

14 按[Ctrl+D]组合键复制一层。选择"3_jingtou_lizi"图层,执行"Effect(特效)> Trapcode > Starglow(星光)"命令,参数设置如图6-115所示。

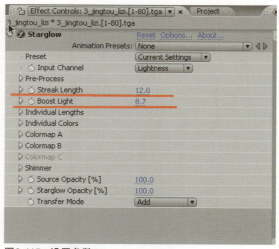

图6-115 设置参数1

15 按[Ctrl+D]组合键复制一层,执行"Effect(特效)> Sty-lize(风格化)> Glow(发光)"命令,图层模式为"Add(叠加)"模式。

选中刚才复制的两层,按[Ctrl+Shift+C]组合键,在弹出的对话框中重命名为"3_jingtou_lizi",图层模式为"Ad-d(叠加)"模式,如图6-116所示。

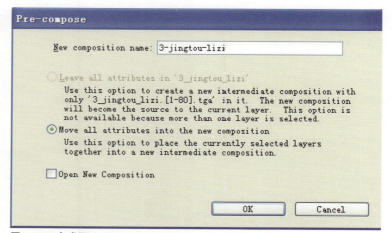

图6-116 合成层

16 执行"Layer(层)> New(新建)> Soild(固态层)"命令,设置颜色为白色。放置在"3_jingtou_lizi"的上一层。执行"Effect(特效)> Noise&Grain(杂色和噪点)> Fractal Noise(分形噪波)"命令,给"Ev-olution(演化)"参数做动画,关键帧参数如图6-117所示。

Time(时间)	Evolution(演化)
0:00:00:00	0
0:00:02:24	2

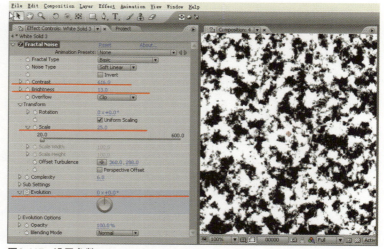

图6-117 设置参数2

17 选择3_jingtou_lizi层Trk Mat，执行轨道亮度切除，如图6-118所示。

图6-118 轨道亮度切除

18 创建新合成Lizi，将Last_Lizi文件夹中心序列导入两次，将上层混合模式改为Add。新建合成，将其命名为"last"，导入"zuanshi"、"sdf"、"last-shuzi"、"hhg"文件夹中的图片序列，并拖入时间线窗口中。将"1-2"中的"Red Solid"和"Medium Royal Blue Solid"图层选中，复制到"last"中，如图6-119所示。

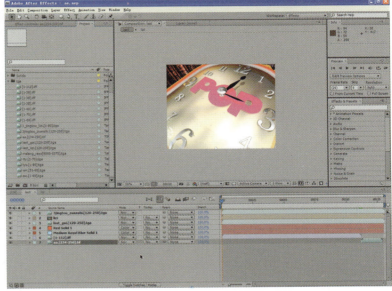

图6-119

19 选中"zuanshi"层，执行"Effect（特效）> Stylize（风格化）> Glow（发光）"命令和"Effect（特效）> Trapcode > Starglow（星光）"命令，设置参数如图6-120所示。

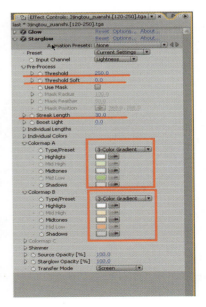

图6-120 设置参数1

20 把"zuanshi"序列文件拖入到时间线窗口中，放在第2层，图层模式为"Multiply（正片叠底）"模式。在"4"中选择第2层、第3层和第4层，复制到"last"中。选中"lizi"层，执行"Effect（特效）> Stylize（风格化）> Glow（发光）"命令，参数设置如图6-121所示。

21 选中lizi层，执行"Effect>Trapcode>Starglow（星光）"命令，其参数设置如图6-122所示。

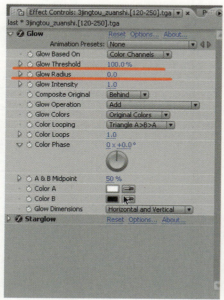

图6-121 设置参数2

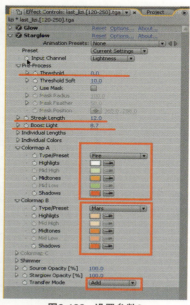

图6-122 设置参数3

22 按[Ctrl＋D]组合键复制"lizi"图层，删除"Glow（发光）"效果，图层模式为"Add（叠加）模式"。选中这两个图层，按[Ctrl＋Shift＋C]组合键，在弹出的对话框中重命名为"lizi"，图层模式为"Add（叠加）"模式。将"4"中的第6层选中，复制到"last"中，调整图层位置，位于"lizi"上一层。选择"lizi"图层Trk Mat，执行"Luma Mattel（亮度切除）"命令，如图6-123所示。

图6-123 亮度切除

23 执行"Composition（合成）>New Composition（新建合成）"命令，将其命名为"合成"。执行"Layer（层）> New（新建）> Soild（固态层）"命令，设置颜色为黑色。选择椭圆蒙版工具，在固态层上创建一个椭圆蒙版，勾选Inverted（反相）复选框，将"Mask Feather（遮罩羽化）"参数设置为110，如图6-124所示。

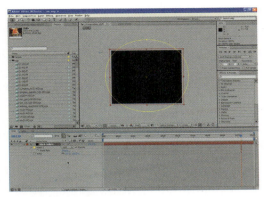

图6-124　Mask参数设置

24 接下来制作闪白效果。执行"Layer（层）> New（新建）> Soild（固态层）"命令，在弹出的"Soild Setting（固态层设定）"窗口中单击Color栏中的颜色图标，设置为白色。调整长度为4帧，按T键，制作透明度动画。第1帧80%，记录动画，第2帧100%，记录动画，第3帧70%，记录动画。

　　将"1-1"、"1-2"拖到时间线窗口中，将闪白放在"1-1"、"1-2"重叠的位置上。选中"1-2"，按[T]键，做"Opacity（透明度）"动画，两个关键帧之间相隔2帧，参数分别设置为0和100。选中"1-1"，按[S]键，再按[Shift+T]组合键，制作动画，参数如图6-125所示。

时间轴帧数	Scale（缩放）	Opacity（透明度）
17	100	0
21		100
25	120	

图6-125　记录动画

25 单击选中"1-1"，执行"Effect（特效）> Color Correction（色彩校正）> Levels（色阶）"命令和"Effect（特效）> Color Correction（色彩校正）> Curves（曲线）"命令，参数设置如图6-126所示。

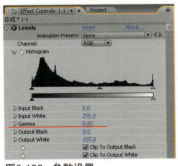
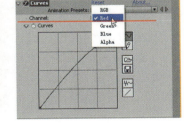

图6-126　参数设置

26 将"2"、"3"、"4"、"last"拖到"合成"时间线窗口中，将"2"、"3"做一个淡出效果，图层位置如图6-127所示。

图6-127　将合成文件拖入时间线窗口

27 复制"white Solid2"图层，调整图层位置，如图6-128所示。

图6-128　调整图层位置

28 执行"Layer（层）> New（新建）> Adjustment Layer（调节层）"命令，创建"Adjustment Layer（调节层）"图层，调整其长度为两帧，执行"Effect > Channel（频道）> Invert（反向）"命令，位置如图6-129所示。

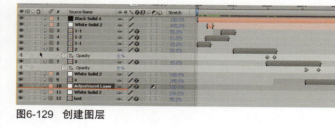

图6-129　创建图层

29 复制"white Solid2"、"3"、"4"、"last"图层，图层顺序如图6-130所示。

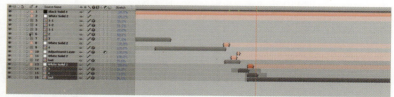

图6-130　复制图层

30 执行"Layer（层）> New（新建）> Adjustment Layer（调节层）"命令，创建Adjustment Layer（调节层）图层，调整长度为3帧，执行"Effect（特效）> Stylize（风格化）> Glow（发光）"命令，给"Glow Three shold（发光程度）"参数做动画，设置第1帧为20.8%，第2帧为40%。如图6-131所示。

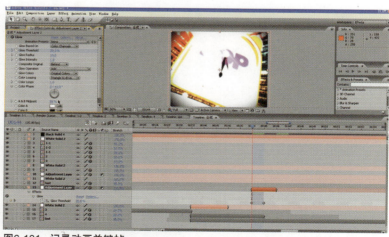

图6-131　记录动画关键帧

31 导入背景音乐，完成制作，如图6-132所示。

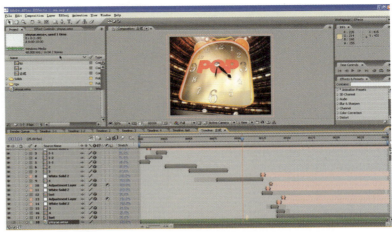

图6-132 导入音乐

32 最后渲染输出，按[Ctrl+M]组合键弹出"Make Movie（制作影片）"窗口，设置渲染参数如图6-133所示。

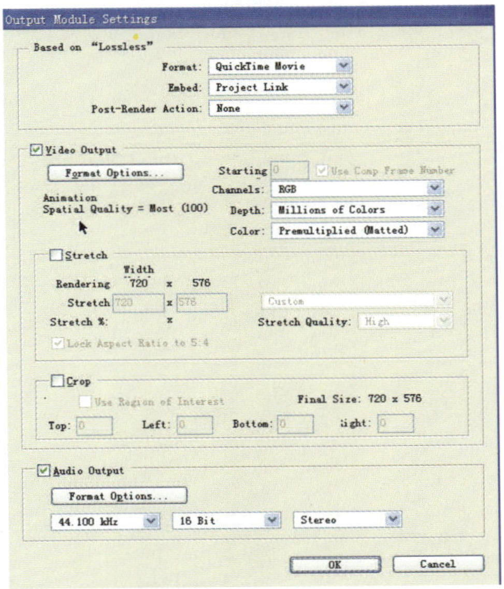

图6-133 设置渲染参数

33 单击"Render（渲染）"按钮，输出影片，如图6-134所示。

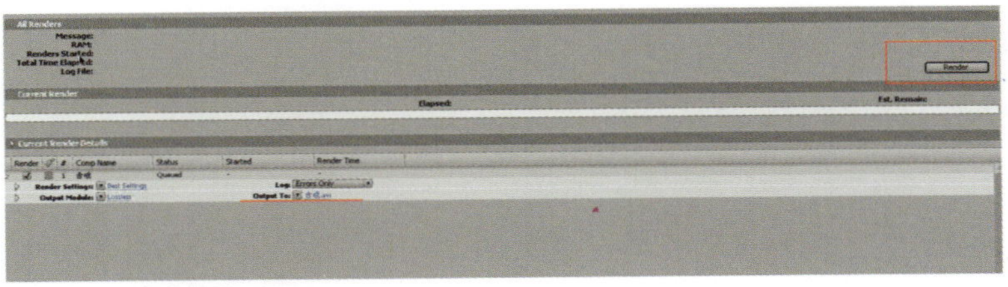

图6-134 输出影片

Chapter

7

地方电视台
标识演绎

创意阐述

本章主要表现有特色的地方电视台的标识，采用水墨风格加上三维立体元素，体现出该地域的历史文化底蕴和现代感。

镜头阐述

本例主要采用一个镜头，背景往边上拉，且拉的速度有变化，配合三维元素和一些图片素材进行动画制作。

技术要点

标识材质的制作和水墨风格背景的制作是本章重点，如何让三维元素和水墨风格相结合是本章的精髓。

📹 创意分镜头

【7.1 制作电视台标识】

首先，我们来制作电视台的三维标识。三维标识是创意的主体，在本片中起到很重要的作用。

7.1.1 绘制标识曲线

首先，我们来制作标识的曲线，制作完成的标识曲线效果如右图所示。

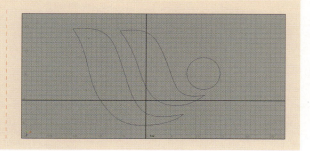

01 启动Maya软件，切换到"top（顶）"视图，执行"View（查看）>Image Plane（图像平面）>Import Image（导入图像）"命令，导入随书光盘"第七章\素材"文件夹中的文件，如图7-1所示。

图7-1 导入图片

02 执行"View（查看）> Image Plane（图像平面）> Image Plane Attributes（图像平面属性）>imagePlane1（图像平面1）"命令，在展开的属性栏中将Alpha Gain（阿尔法增益量）参数设置为0.3，如图7-2所示。

图7-2 更改图片透明度

03 单击"Create（创建）> CV Curve Tool（CV曲线），单击后面的小方框。在弹出的对话框中，单击3 cubic（3次方曲线）单选按钮，如图7-3所示。

图7-3 创建曲线工具

04 绘制完标识曲线后，选中图片，在属性栏中将Display Mode（显示模式）改为None（无）选项。然后选择一条曲线，再按[Shift]键加选另一条曲线，在Surfaces模式下单击"Edit Curves（编辑曲线）> Attach Curves（结合曲线）"命令后面的小方框，在弹出的对话框中设置参数如图7-4所示。

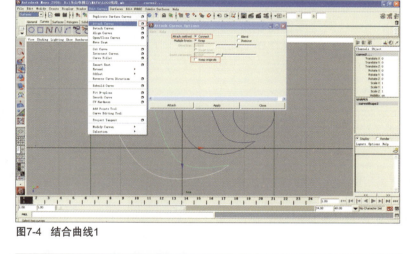

图7-4 结合曲线1

05 执行后如果发现曲线结合错误，原因是曲线方向反了。返回上一步，选择其中的一条曲线，在Surfaces模式下执行"Edit Curves（编辑曲线）> Reverse Curve Direction（反转曲线方向）"命令，再次选择两条曲线，执行结合曲线命令，曲线结合正确，如图7-5所示。用相同的方法把其他曲线结合。

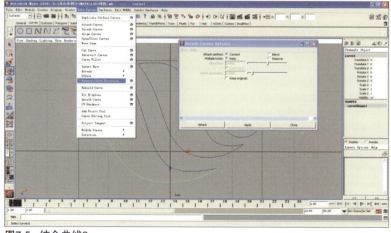

图7-5 结合曲线2

7.1.2 制作标识模型

接下来，我们要制作标识的模型，制作完成的标识模型如右图所示。

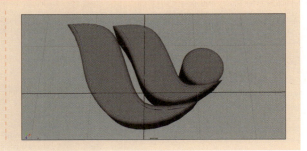

01 选择曲线，在Surfaces模式下单击Surfaces（曲面）>Bevel Plus（倒角插件）后面的小方框，在弹出的"Bevel Plus Options（倒角插件选项）"对话框中，设置参数如图7-6所示。

图7-6　设置倒角插件参数

02 倒角完成后，如果发现有的模型不在同一个平面上或模型有交错，选择出错的模型所对应的曲线，执行"Edit Curves（编辑曲线）>Reverse Curve Direction（反转曲线方向）"命令，如图7-7所示。

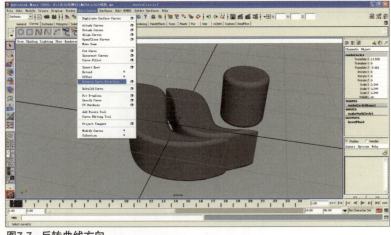

图7-7　反转曲线方向

7.1.3 制作标识材质并添加灯光

制作完标识模型之后，接下来要为模型添加材质，添加材质后的模型效果如右图所示。

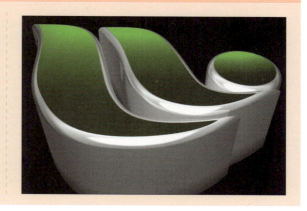

01 选择所有的模型，执行"Window（窗口）>General Editors（通用编辑器）> Attribute Spread Sheet（属性编辑器）"命令，如图7-8所示。

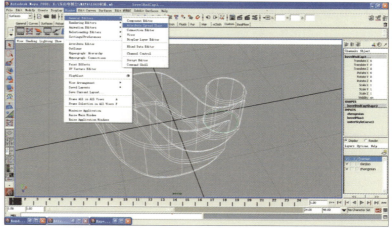

图7-8 打开材质面板

02 在打开的对话框中，切换到Tessellation（棋盘形格局）选项卡，把Explicit Tessell（）列参数改为on，把Chord Height列参数值改为0.999，细分模型，如图7-9所示。

图7-9 细分模型

03 创建三个图层，分别命名后，把场景中模型的正面、侧面和倒角面分别添加到图层中，方便以后添加材质的时候选择使用。执行"Window（窗口）> Rendering Editors（渲染编辑器）>Hypershade（超链接材质编辑器）"命令，如图7-10所示。

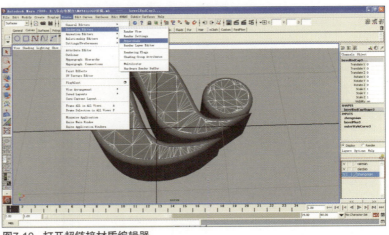

图7-10　打开超链接材质编辑器

04 在超链接材质编辑器中新建一个"blinn"材质球，命名为"zhengmian1"，单击Color后的图标，为其添加一个"Ramp（渐变）"节点，参数设置如图7-11所示。

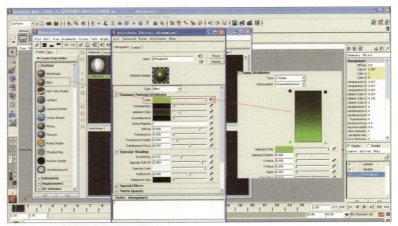

图7-11　创建材质球并设置参数1

05 将"zhengmian1"材质球赋给正面图层上的物体渲染效果如图7-12所示。

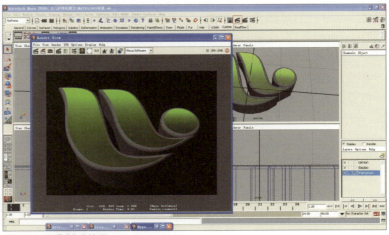

图7-12　预览材质效果

06 再新建一个"blinn"材质球，命名为"daojiao"，新建一个Ramp节点分别和材质球的Color（颜色）和Ambient Color（环境色）相连接，参数设置如图7-13所示。

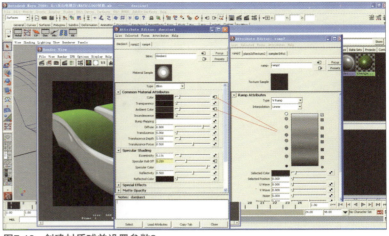

图7-13　创建材质球并设置参数2

07 再单击Specalar Roll off后面的■图标，为其也添加一个Ramp（渐变）节点，参数设置如图7-14所示。

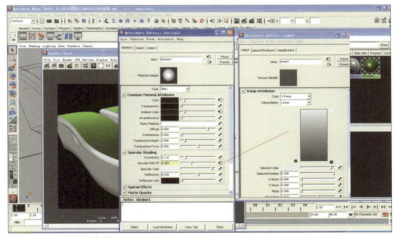

图7-14　设置渐变参数

08 再建一个"Sampler Info（采样）"节点，分别与两个Ramp（渐变）节点相连，连接方法是按住鼠标中键将Sampler Info节点拖拽到Ramp（渐变）节点上放开后会出现一个菜单，选择Other属性进入连接面板，将facing Ratio属性和V Coord属性相连，如图7-15所示。

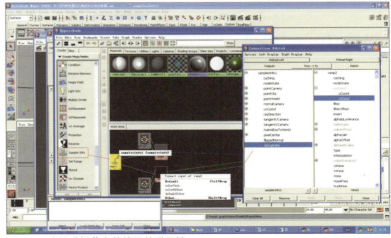

图7-15　连接采样节点并编辑关联属性

09 为侧面建立一个"bilnn"材质球，命名为"cemian"，在Color（颜色）上添加一个Ramp（渐变）节点，参数如图7-16所示。

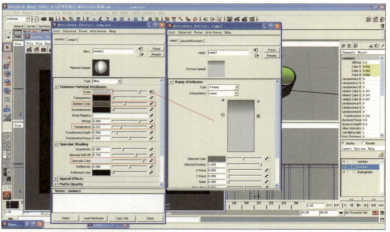

图7-16 创建材质并设置参数

10 把"Cemian"材质球赋予侧面物体，打开渲染设置对话框，设置参数再测试渲染结果如图7-17所示。

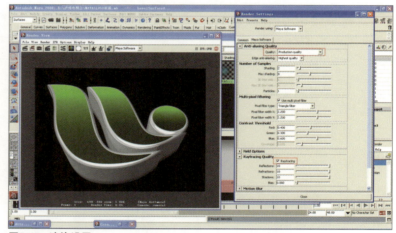

图7-17 渲染设置

11 现在标识的材质还比较暗。执行"Create（创建）> Lights（灯光）> Spot Light（聚光灯）"命令，添加一盏聚光灯，如图7-18所示。

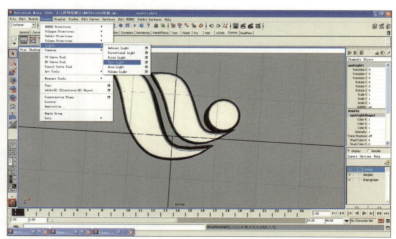

图7-18 创建灯光

12 选择聚光灯，在透视图里执行"Panels（面板）> Look Through Selected（进入灯光视图）"命令，设置灯光的参数和位置，如图7-19所示。

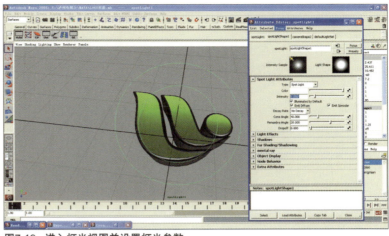

图7-19　进入灯光视图并设置灯光参数

13 执行"Create（创建）> Cameras（摄影机）> Camera（摄影机）"命令，创建一个摄影机，如图7-20所示。

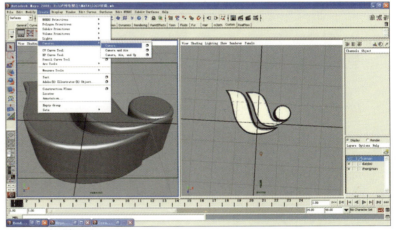

图7-20　创建摄影机

14 在渲染设置对话框中设置参数，执行"View（查看）> Camera Settings（摄影机设定）> Resolution Gate（选定的取景框）"命令，打开摄影机的渲染框，如图7-21所示。

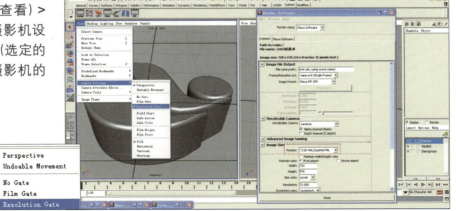

图7-21　设置渲染参数

7.1.4 制作动画

接下来开始制作标识动画，本例采用摄影机动画的方式，分三个镜头来表现频道标识，镜头效果如下图所示。

01 选择场景内的模型执行"Edit（编辑）>Group（成组）"命令，把选择的物体成组，把时间线帧数改为100，并设置回起始帧，模型组的参数设置如图7-22所示。

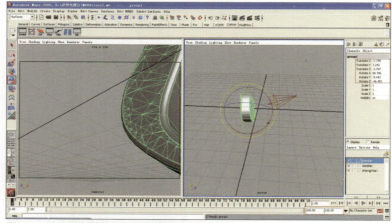

图7-22　更改时间轴长度并设置模型组参数

02 在摄影机视图中，执行"View（查看）> Select Camera（选择摄影机）"命令，摄影机的参数设置如图7-23所示。

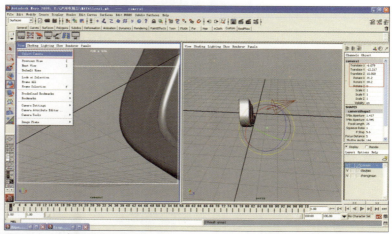

图7-23　设置摄影机参数

03 在时间轴第1帧设置摄影机的关键帧，参数设置如图7-24所示。

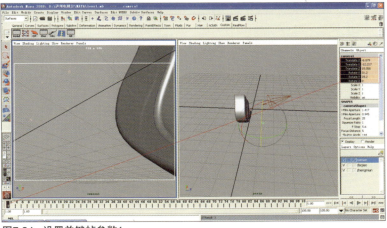

图7-24　设置关键帧参数1

04 在第75帧设置摄影机的关键帧，参数设置如图7-25所示。

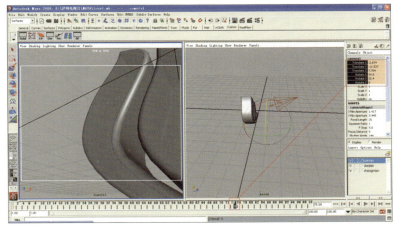

图7-25　设置关键帧参数2

05 打开渲染设置对话框，设置渲染参数如图7-26所示。

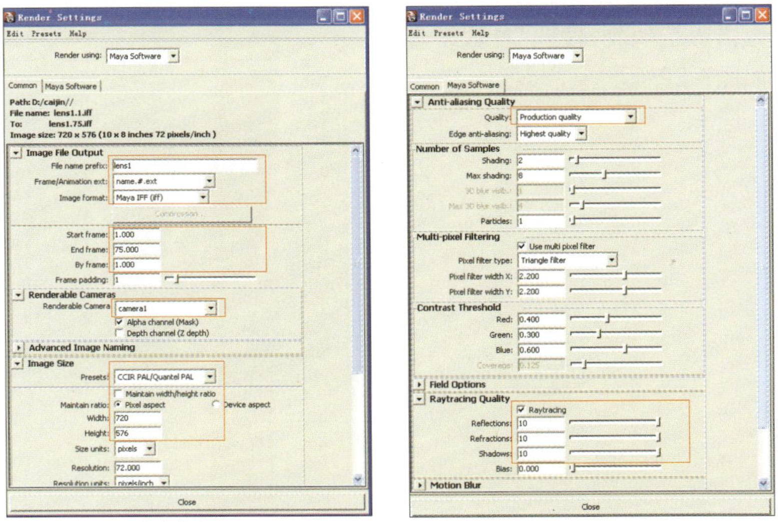

图7-26　设置渲染参数

06 设置完毕后，按[F6]键进入渲染模式，执行"Render（渲染）> Batch Render （批量渲染）"命令，如图7-27所示。

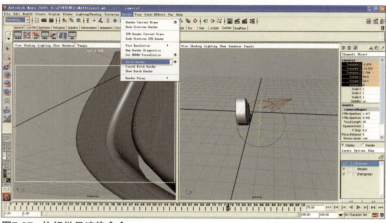

图7-27　执行批量渲染命令

07 接下来开始制作第二个镜头，重新创建摄影机后，将时间轴设置到起始帧位置，设置为关键帧，摄影机参数设置如图7-28所示。

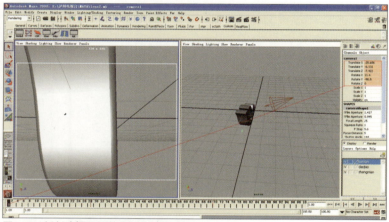

图7-28　新创建摄影机并设置关键帧参数

08 在第29帧的位置再次记录摄影机的关键帧，参数设置如图7-29所示。

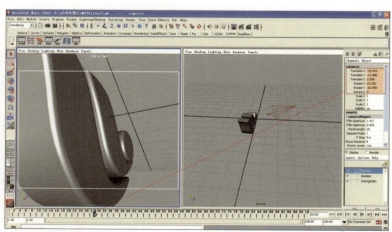

图7-29　设置关键帧参数

09 在第70帧设置摄影机的关键帧，参数设置如图7-30所示。

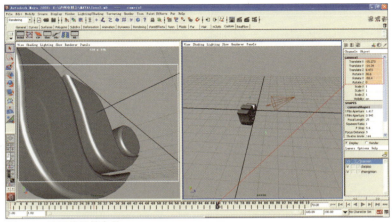

图7-30 设置关键帧参数

10 切换到摄影机视窗观看动画，如果发现动画不是很流畅，执行"Window（窗口）> Animation Editors（动画编辑器）>Graph Editor（曲线编辑器）"命令，打开曲线编辑器，调整曲线形状如图7-31所示。

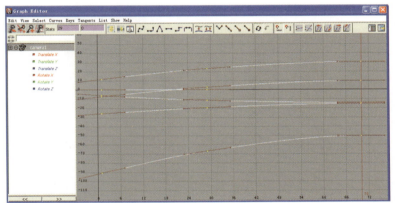

图7-31 调整动画运动曲线

11 按照之前的方法将第二个镜头渲染输出。下面开始制作第三个镜头，打开标识场景，创建一个摄影机，把时间指针设置为起始帧，设置一个关键帧，参数设置如图7-32所示。

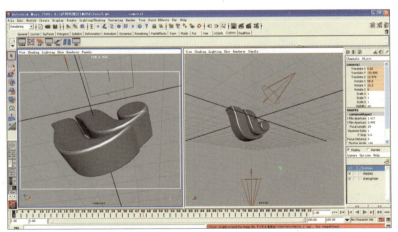

图7-32 创建摄影机并设置关键帧参数

12 在时间轴第45帧再次记录摄影机的关键帧，参数设置如图7-33所示。

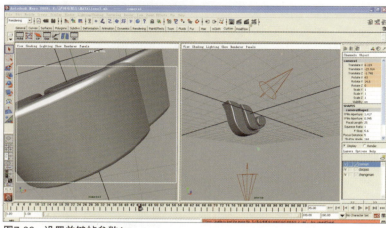

图7-33　设置关键帧参数1

13 在时间轴第70帧再记录摄影机关键帧，参数设置如图7-34所示。

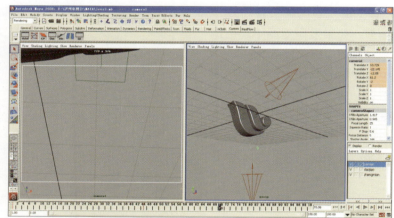

图7-34　设置关键帧参数2

14 按照前面讲解的方法调整摄影机的曲线如图7-35所示。

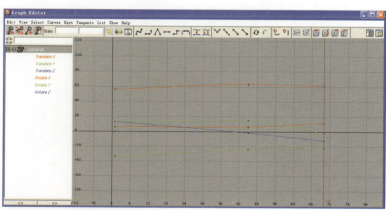

图7-35　调整摄影机动画曲线

15 观看动画，没有问题后渲染输出，最后渲染一张单帧的定板图片作为片子定板的标识，如图7-36所示。

图7-36　定板标识

【7.2　制作背景】

完成了三维标识制作之后，接下来我们开始进行短片的后期合成工作。

01 打开软件，执行"Edit（编辑）>Preferences（参数选择）>Import（导入）"命令，在弹出的对话框中，设置参数如图7-37所示。

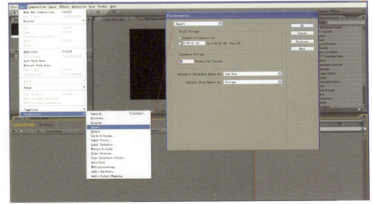

图7-37　设置AE初始参数

02 按[Ctrl+N]组合键新建一个Comp，命名为"背景"，参数设置如图7-38所示。

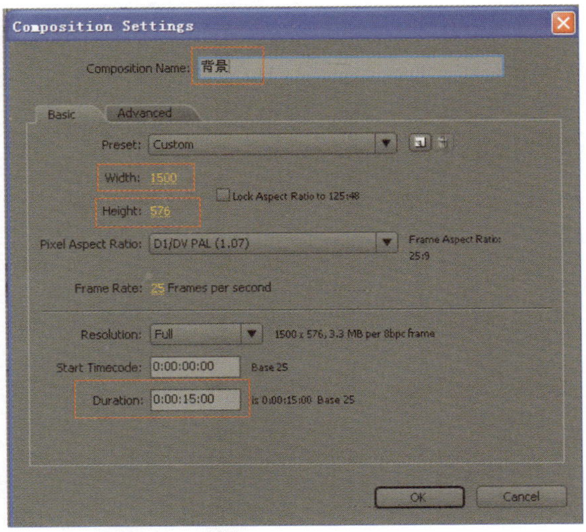

图7-38　设置Comp参数

03 创建完成后，按[Ctrl+Y]组合键新建一个和Comp同样大小的固态层，命名为"白色底"，单击Color后的吸管把颜色改为白色（不是纯白，稍微偏点灰色），参数设置如图7-39所示。

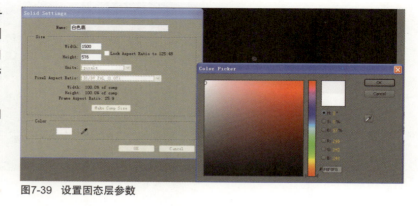

图7-39 设置固态层参数

04 按[Ctrl+I]组合键导入随书光盘提供的图片素材，如图7-40所示。

图7-40 导入素材图片

05 导入素材后，为了方便文件管理，单击如图7-41所示的图标，新建一个组。命名为"图片"，并把图片文件都拖拽到文件夹里面，如图7-41所示。

Name		Type	Size	Duration	File
1975969...2.jpg		JPEG	151 KB		
2007102...2.jpg		JPEG	52 KB		
2008030...2.jpg		JPEG	179 KB		
2008471...2.jpg		JPEG	102 KB		
2008997...2.jpg		JPEG	57 KB		
2009339...2.jpg		JPEG	44 KB		
47090_2...2.jpg		JPEG	203 KB		
953745_...2.jpg		JPEG	106 KB		
Solids		Folder			
背景		Composition		Δ 0:00:15:00	
图片		Folder			

图7-41 新建文件夹

06 将如图7-42所示的文件拖入到时间线窗口中，选中图片图层，按[Enter]键修改图层的名字为"山"。

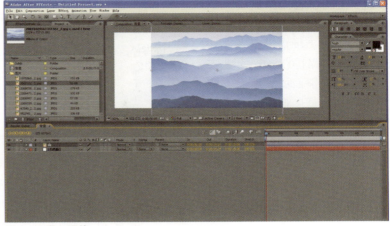

图7-42　导入图片

07 选择工具架上的钢笔工具，绘制遮罩如图7-43所示。

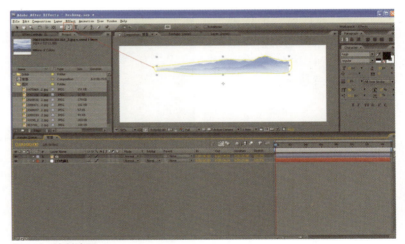

图7-43　绘制遮罩

08 放大视图后发现边缘不够细致，选择"Add Vertex Tool（添加点工具）"，为遮罩添加控制点，把山的轮廓勾勒得更准确一点，如图7-44所示。

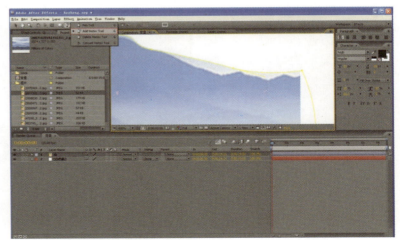

图7-44　添加控制点

09 在调节过程中发现遮罩黄色的边缘线和白色背景不易区分，不方便调整节点，选中图层按[M]键，然后单击"Mask1"前面的黄色块，在弹出的颜色框中选择红色，如图7-45所示。

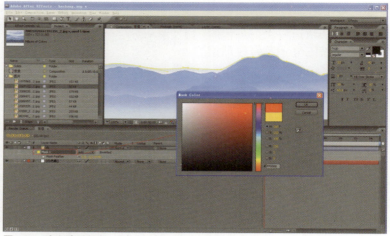

图7-45　改变遮罩颜色

10 调节完成后，发现遮罩的轮廓线影响我们观察效果，单击如图7-46中所示的小图标，取消遮罩显示。

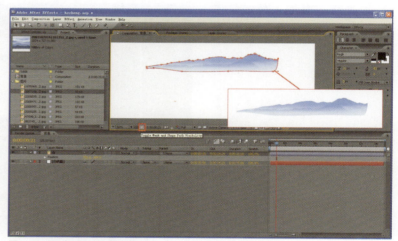

图7-46　取消显示遮罩边缘

11 再次选择钢笔工具，在山的下方画一个遮罩，目的是让下面的边缘羽化，显得自然一些。遮罩形状如图7-47所示。

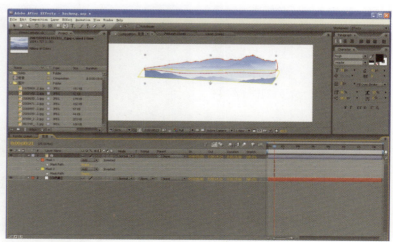

图7-47　绘制遮罩

12 选择图层"山",按[F]键,设置"Mask2"的"Mask Feather(遮罩羽化)"参数值为"20",效果如图7-48所示。

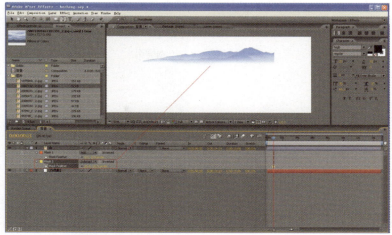
图7-48 设置羽化参数

13 选择图层"山",然后执行"Effect(特效)>Color Correction(色彩校正)> Hue/Satu-ration(色相/饱和度)"命令,如图7-49所示。

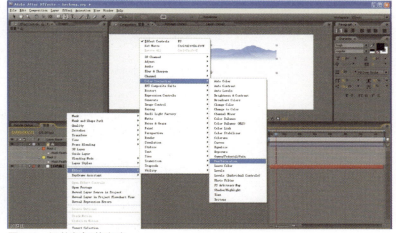
图7-49 调整色相/饱和度

14 设置"Hue/Saturation(色相/饱和度)"参数,把"Master Saturation(主饱和度)"值改为"-100",参数如图7-50所示。

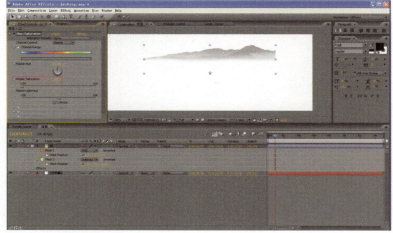
图7-50 查看去色效果

15 执行"Effect（特效）> Color Correction（色彩校正）> Levels（色阶）"命令，如图7-51 所示。

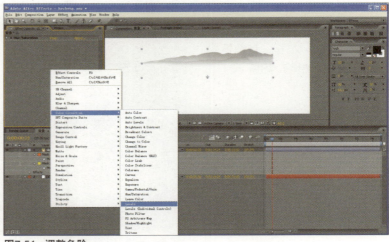

图7-51　调整色阶

16 调整山的位置，并设置参数如图7-52所示。

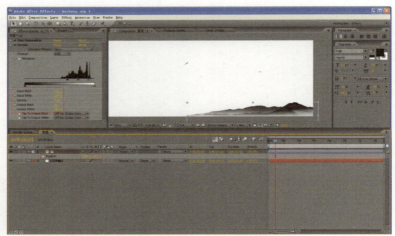

Levels（色阶）	参数值
Input Black（输入黑色）	156.0
Input White（输入白色）	234.0
Gamma（反差系数）	1.00
Output Black（输出黑色）	0.0
Output White（输入白色）	255.0

图7-52　设置参数

17 继续导入一张图片，如图7-53所示。

图7-53　导入图片

18 继续用钢笔工具绘制遮罩，把我们所需要的一个局部给提取出来，如图7-54所示。

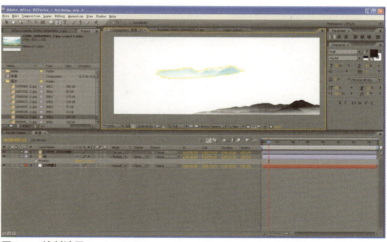

图7-54 绘制遮罩

19 选中图层，更改名字为"中景"，按[F]键把"Mask Feather（遮罩羽化）"参数改为"23"，并取消遮罩的显示，效果如图7-55所示。

Levels （色阶）	参数值
Input Black （输入黑色）	0
Input White （输入白色）	246.0
Gamma （反差系数）	1.00
Output Black （输出黑色）	0.0
Output White （输入白色）	255.0

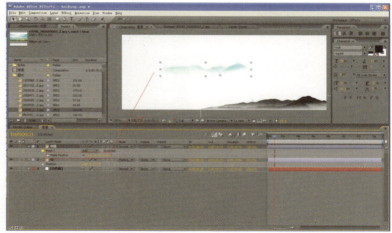

图7-55 设置羽化参数

20 为"中景"执行"Effect（特效）>Color Correction（色彩校正）> Hue/Saturation（色相/饱和度）"命令，执行"Effect（特效）>Coor Correction（色彩校正）> Levels（色阶）"命令，提高黑白对比，如图7-56所示。

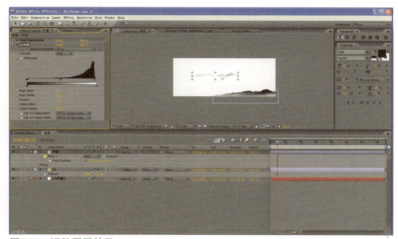

图7-56 调整图层效果

21 选择图层，按[T]键，把"Opacity（透明度）"参数改为"60"，并按[Shift+P]组合键加选图层的"Position（位置）"属性，参数设置如图7-57所示。

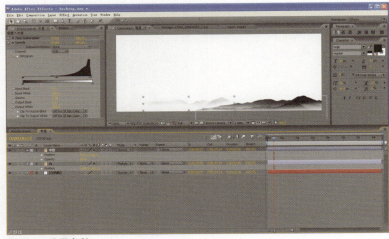

图7-57　设置参数

22 按照上面的方法，制作第三座山，如图7-58所示。

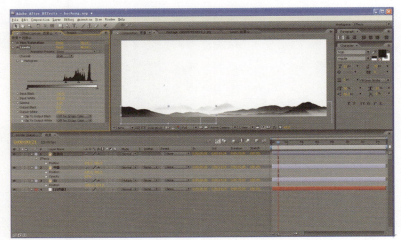

图7-58　添加新元素

23 继续调整画面，调整前面的山的位置和大小，如图7-59所示。

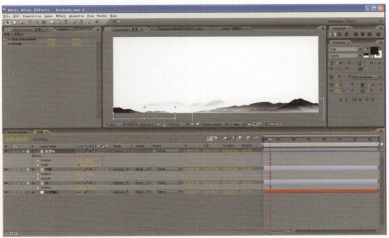

图7-59　调整画面效果

24 继续调整后面的山，如图7-60所示。

图7-60　调整画面效果

25 选择图层"山"，然后按[Ctrl+D]组合键复制出图层"山2"，如图7-61所示。

图层名称	Position（位置）	Scale（缩放）	Opacity（透明度）
山2	288.0,454.0	-62.0,62.0	25

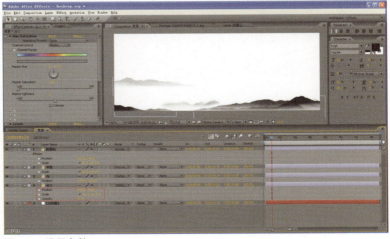

图7-61　复制图层

26 选择复制出来的图层"山2"，按[P]键调出"Position（位置）"属性，再按[Shift+S]组合键和[Shift+T]组合键分别把图层的"Scale（缩放）"和"Opacity（透明度）"属性调出来进行设置，如图7-62所示。

图7-62　设置参数

27 用软件photoshop打开如图所示的文件，双击图层锁的位置，在弹出的对话框中单击确定按钮，如图7-63所示。

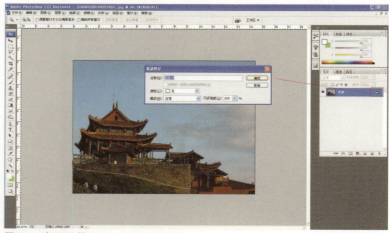

图7-63 打开文件

28 在工具栏中选择钢笔工具，把楼的轮廓描绘出来，如图7-64所示。

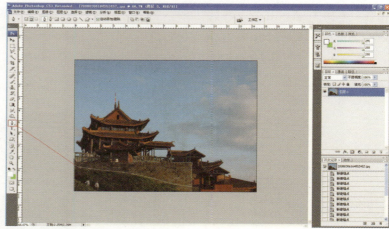

图7-64 绘制路径

29 路径绘制且闭合后，按[Ctrl+Enter]组合键将路径转化为选区，如图7-65所示。

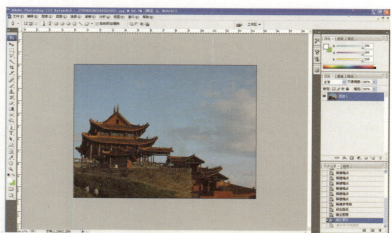

图7-65 将路径转化为选区

30 选中选区，按[Ctrl+J]组合键复制出图层1，取消显示图层0，选择图层1添加蒙版，如图7-66所示。

图7-66 添加蒙版

31 单击蒙版，选择画笔工具，调节笔刷大小和流量对蒙版进行绘制。效果如图7-67所示。

注意 这里不使用橡皮擦。因为蒙版更易于修改。操作错误时可随时修改，黑色画笔是擦除，白色可以将擦除部分刷回来。

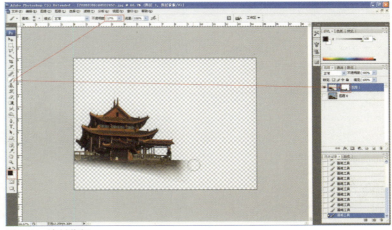
图7-67 绘制蒙版

32 选择裁切工具对图片进行裁切，如图7-68所示。

图7-68 裁切图层

33 删除图层0，新建一个空白图层，如图7-69所示。

图7-69 新建图层

34 选择新建的图层，按[Ctrl+E]组合键，将两个图层合并为一个图层。执行命令后在弹出的对话框中单击"应用"按钮，如图7-70所示。

图7-70 合并图层

注意 目的是消除图层的蒙版。

35 合并图层后，按住[Ctrl]键不放，单击图层的眼睛后的小框区域提取图层的选区，如图7-71所示。

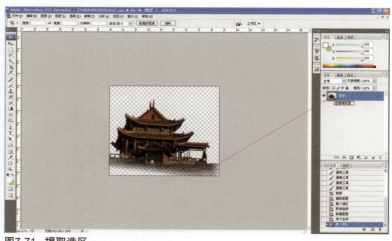

图7-71 提取选区

36 在选中选区的情况下，单击"通道"面板中的将选区转化为通道按钮，添加一个Alpha通道，如图7-72所示。

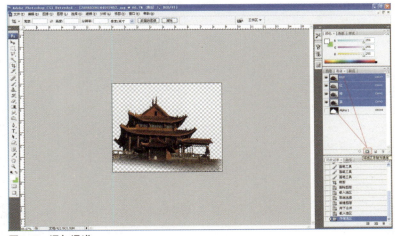

图7-72　添加通道

37 按[Ctrl+S]组合键保存图片，名字命名为"楼"，保存格式为TGA格式，在弹出的对话框中选择"32位"通道单选按钮，如图7-73所示。

图7-73　保存图片

注意　只有32位的才带Alpha通道。

38 返回AE，按[Ctrl+I]组合键导入"楼"文件，如图7-74所示。

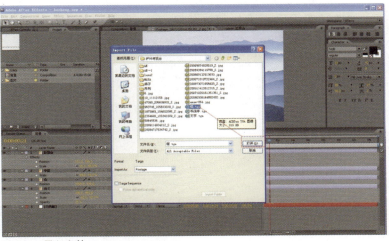

图7-74　导入文件

39 在弹出的对话框中单击单选按钮，如图7-75所示。

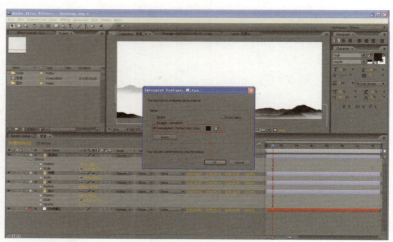

图7-75 选择选项

40 将导入的图片文件拖入时间线窗口中，初步对其大小和位置进行调整，并为其添加特效"Color Correction（色彩校正）>Hue/saturation(色相/饱和度)"，并把"Master Saturation（主饱和度）"设为"-10"，如图7-76所示。

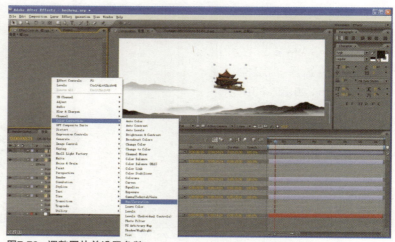

图7-76 调整图片并设置参数

41 选择图层，再添加特效"Color Correction（色彩校正）>Levels（色阶）"，并且运用之前处理"山"的方法添加一座图层名字为"远景"的山，如图7-77所示。

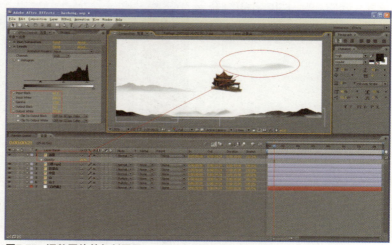

图7-77 调整图片并复制图层

42 导入如图所示的图片文件，将其拖入时间线窗口，并用钢笔工具勾取我们所需要的区域，如图7-78所示。

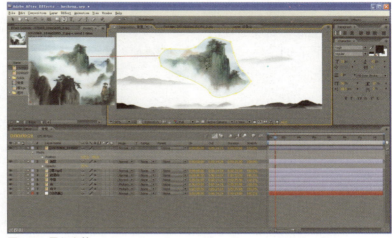

图7-78 导入文件

43 更改图层的名称为"山峰"，按[F]键将其"Mask Feather（遮罩羽化）"参数改为"50"，并且取消遮罩的轮廓显示，效果如图7-79所示。

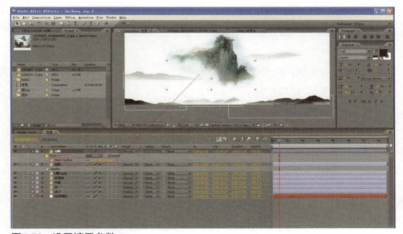

图7-79 设置遮罩参数

44 调整图片的大小和位置，此时可看到发现山峰边缘有白色挡住了后面的楼，如图7-80所示。

图7-80 调整图片大小和位置

45 更改图层的模式为Mul-
tiply（正片叠底）解决遮挡问
题，效果如图7-81所示。

注意 正片叠底的主要功能
就是把白色叠去掉。

图7-81 更改图层模式

46 选择"山峰"图层，执行
"Effect（特效）>Color Cor-
rection（色彩校正）> Hue/
saturation（色相/饱和度）"命
令，参数设置如图7-82所示。

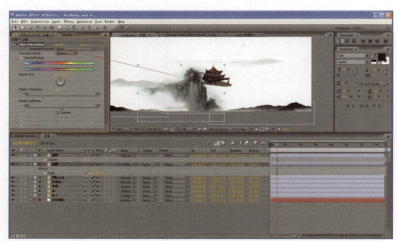

图7-82 设置参数1

47 选择"山峰"图层，执行
"Effect（特效）>Color Co-
rrection（色彩校正）> Levels
（色阶）"命令，提高明暗对比
度，效果如图7-83所示。

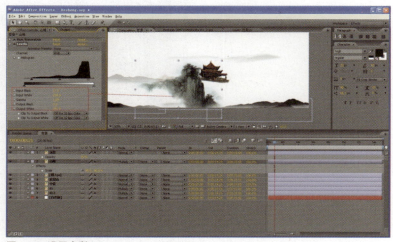

图7-83 设置参数2

48 调整各图层的位置, 图层参数设置如图7-84所示。

图层名称	Position（位置）	Scale（缩放）	Opacity（透明度）
远景			
山峰	642.0, 624.0		
中景	1046.0, 426.0	69.0, 42.4	
楼	902.0, 318.0		
山	1198.0, 574.0	64.0, 64.0	

图7-84 调整图层参数

49 选择"远景"图层, 按 [Ctrl+D]组合键复制图层, 并对图层的位置大小进行调整, 效果如图7-85所示。

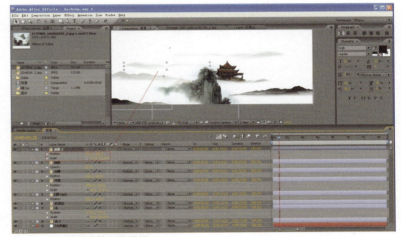

图7-85 复制图层并调整图层

50 为了不让两座山看起来太相似, 选择复制出来的图层"远景2", 稍微修改下图层的遮罩, 如图7-86所示。

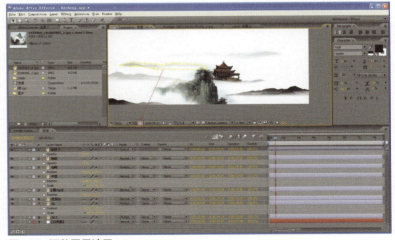

图7-86 调整图层遮罩

51 调整完后再次复制图层，并调节其位置大小和透明度，效果如图7-87所示。

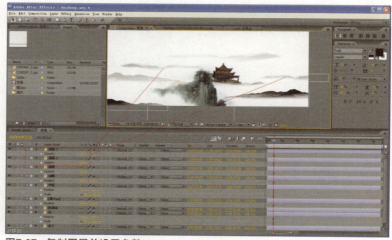

图7-87 复制图层并设置参数

52 根据之前处理山的方法为背景添加一图层名为"近山"的图层，效果如图7-88所示。

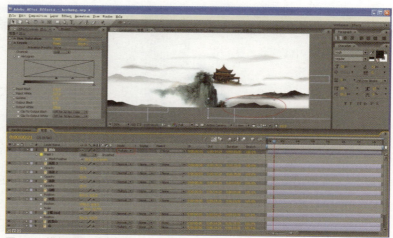

图7-88 增加图层

53 选择图层"山"按[Ctrl+D]组合键复制出"山3"，并对其大小位置进行调整，最终效果如图7-89所示。

图7-89 复制图层并调整图层

54 复制"近景山"图层,选中复制出来的图层,然后执行"**Effect**(特效)>**Generate**(生成)>**Ramp**(渐变)"命令,如图7-90所示。

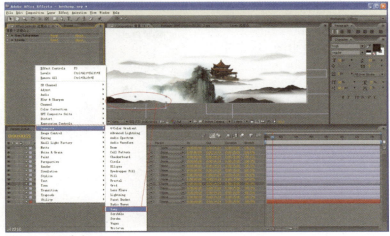

图7-90 执行命令

55 加入特效后,把图层的模式改为"**Hard Light**(强光)",如图7-91所示。

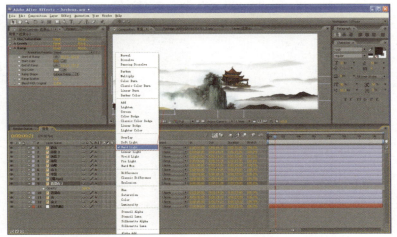

图7-91 更改图层模式

56 用同样的方法复制图层"近山",为其添加"**Ramp**(渐变)"特效,更改叠加模式,效果如图7-92所示。

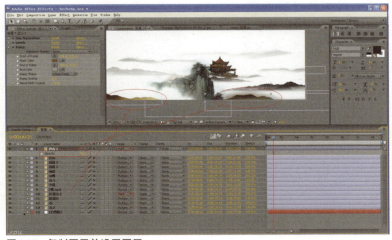

图7-92 复制图层并设置图层

57 使用相同的方法设置图层"山4"。根据远近虚实关系调整图层的透明度,效果如图7-93所示。

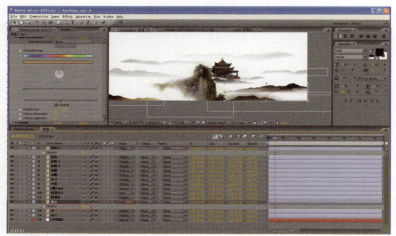

图7-93 设置图层参数1

58 更改图层"山"的透明度为"70",效果如图7-94所示。

图7-94 设置图层参数2

59 对整体进行观察,发现远处的山还不够虚,对其透明度进行调整,效果如图7-95所示。

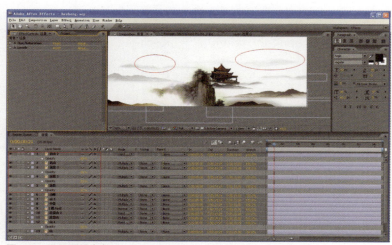

图7-95 设置图层参数3

【7.3 后期镜头的合成】

　　至此，所有元素都已制作完毕，下面进行后期合成制作。

01 按[Ctrl+N]组合键新建一个Comp，参数设置如图7-96所示。

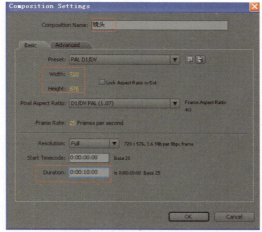

图7-96　设置参数1

02 将之前制作好的"背景"合成文件导入"镜头"中，选择背景层按[P]键，将其坐标改为751.0，288.0，如图7-97所示。

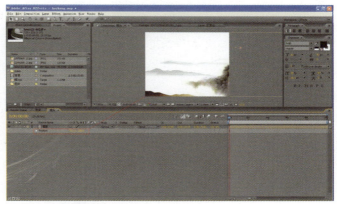

图7-97　设置参数2

03 制作"背景"动画，关键帧参数如图7-98所示。

Time（时间）	Position（位置）
0：00：00：00	
0：00：02：11	541.0，288.0

图7-98　记录动画关键帧

04 导入序列素材图片，如图7-99所示。

图7-99　导入序列文件

05 单击打开后，在弹出的对话中，选择选项如图7-100所示。

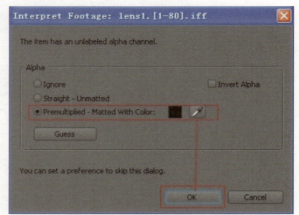

图7-100　选择选项

06 把导入的序列图片文件拖入到时间线窗口中，如图7-101所示。

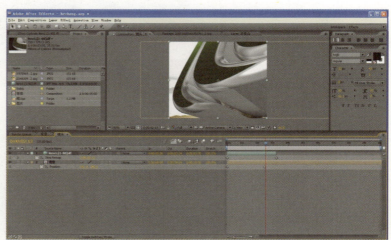

图7-101　将文件拖入时间线窗口中

07 选择钢笔工具，为标识画一个遮罩，效果如图7-102所示。

图7-102 绘制遮罩

08 选择图层，按[F]键，把"Mask Feather（遮罩羽化）"参数设置为88，效果如图7-103所示。

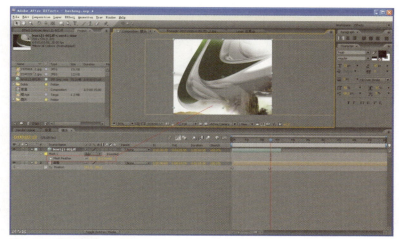

图7-103 设置参数

09 把标识序列文件名称改为"镜头1"，然后再复制出两层图层，分别调整图层的透明度，效果如图7-104所示。

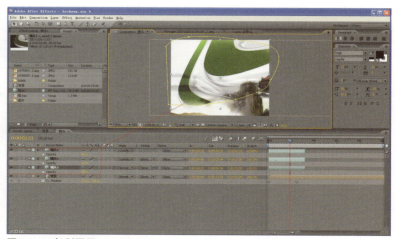

图7-104 复制图层

10 选中3个图层，按[Ctrl+Shift+C]组合键为3个层组一个"Comp"，这样方便管理和调节，命名为"镜头1"，如图7-105所示。

图7-105　合并图层

11 当合成完毕后，可以发现原有的图像叠加效果没有了，单击图标，如图7-106所示。

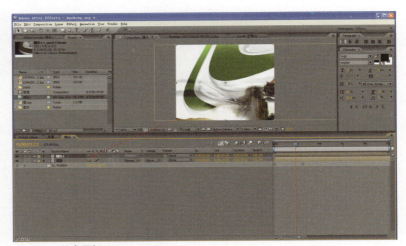

图7-106　单击图标

12 调整标识的位置，如图7-107所示。

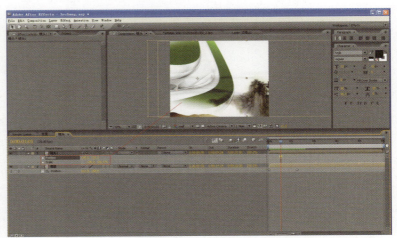

图7-107　调整位置

13 导入"飞鸟"素材文件，如图7-108所示。

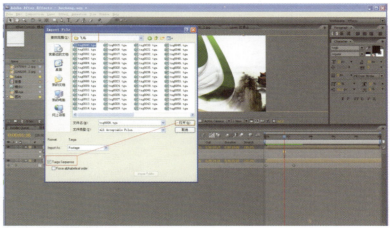

图7-108　导入素材文件

14 在弹出的对话框中选择如图7-109所示的选项。

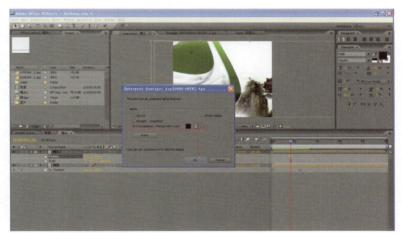

图7-109　选择选项

15 将"飞鸟"文件拖入时间线窗口中，效果如图7-110所示。

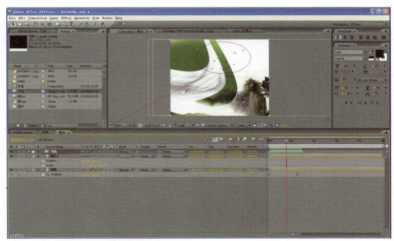

图7-110　将文件拖入时间线窗口

16 此时发现飞鸟的方向和标识方向过于一致，因此要对飞鸟文件执行反方向处理。选择图层，按[S]键，解除"Scale（缩放）"参数X和Y轴的关联，把X数值改为"–100"，如图7-111所示。

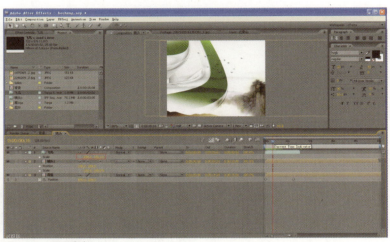

图7-111　设置参数

17 选择飞鸟素材，按[P]键打开其"Position（位置）"属性，记录一个关键帧，如图7-112所示。

Time（时间）	Position（位置）
0：00：00：00	360.0，288.0

图7-112　记录动画关键帧

18 再添加一个关键帧，如图7-113所示。

Time（时间）	Position（位置）
0：00：02：11	442.0，288.0

图7-113　记录动画关键帧

19 导入"书法字"素材文件，如图7-114所示。

图7-114　导入文件

20 将"书法字"图层和"背景"图层进行父子连接，这样，"书法字"图层就会跟随"背景"图层的移动而移动，如图7-115所示。

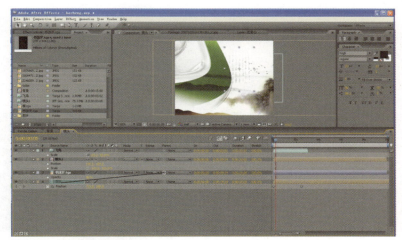

图7-115　建立父子连接

21 导入"中国酒城"文件，并拖入时间线窗口中，如图7-116所示。

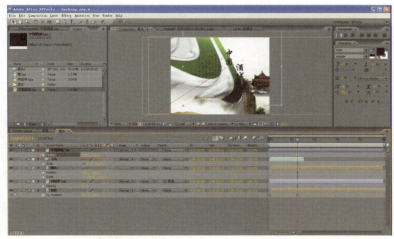

图7-116　导入文件并拖入时间线窗口

22 为"中国酒城"图层添加"Position（位置）"动画，如图7-117所示。

Time（时间）	Position（位置）
0：00：00：00	776.0，220.0
0：00：02：11	449.0，220.0

图7-117　记录动画关键帧1

23 为其他图层也添加动画关键帧，如图7-118所示。

图层名称	Time（时间）	Position（位置）	Opacity（透明度）
镜头1	0：00：02：11		100
	0：00：03：00		0
背景	0：00：03：00	424.0，288.0	

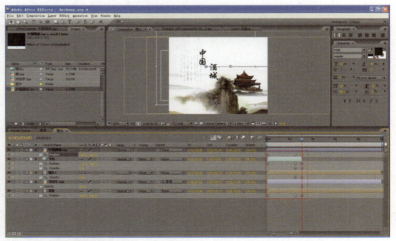

图7-118　记录动画关键帧2

24 继续设置其他层的动画，各层的参数如图7-119所示。

图层名称	Time（时间）	Position（位置）	Opacity（透明度）
中国酒城	0：00：03：00	269，220	
飞鸟	0：00：03：00	175，288	0

图7-119　记录动画关键帧3

25 在5秒20帧设置动画如图7-120所示。

图层名称	Time（时间）	Position（位置）
中国酒城	0：00：03：00	-153.0，220.0
背景	0：00：03：00	230.0，288.0

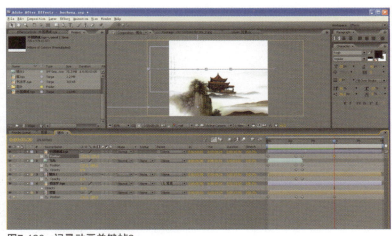

图7-120　记录动画关键帧2

26 导入"镜头2"并拖入时间线窗口中，设置动画如图7-121所示。

图层名称	Time（时间）	Opacity（透明度）
镜头2	0：00：02：11	0
	0：00：03：00	100

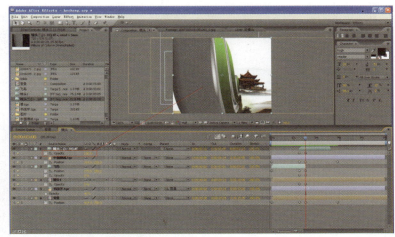

图7-121　记录动画关键帧3

27 为"镜头2"图层画一个遮罩，效果如图7-122所示。

图7-122　添加遮罩

28 选择图层，按[F]键，把
"Mask Feather（遮罩羽化）"
数值改为"88"，效果如图
7-123所示。

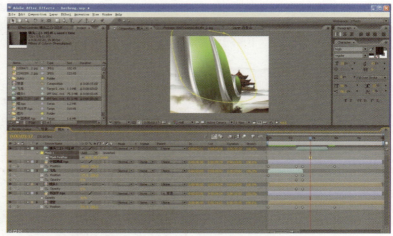

图7-123　设置羽化参数

29 复制一个"镜头2"
图层，并把图层模式改为
"Overlay（重叠）"，如图
7-124所示。

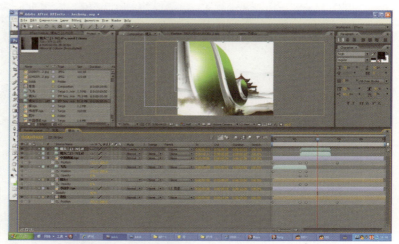

图7-124　复制图层并更改图层模式

30 选择"镜头2"的两个
图层，按[Ctrl+Shift+C]组合键
合并两个图层，命名为"镜头
2"，如图7-125所示。

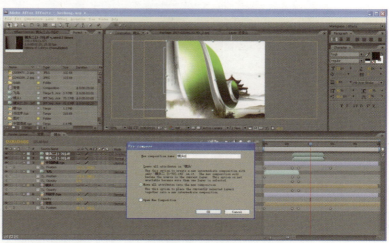

图7-125　合并图层

31 查看画面，可发现标识占的面积很大，为了使画面显得更加通透，把"镜头2"的"Opacity（透明度）"参数改为"88"，效果如图7-126所示。

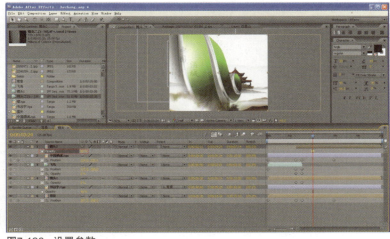

图7-126　设置参数

32 为"镜头2"设置动画，如图7-127所示。

图层名称	Time（时间）	Position（位置）
镜头2	0：00：02：11	360.0, 288.0
	0：00：05：04	254.0, 288.0

图7-127　记录动画关键帧

33 导入"墨滴"素材文件并调整其在镜头中的位置，设置图层模式为"Multiply（正片叠底）"，效果如图7-128所示。

图7-128　添加素材1

34 用之前讲解的父子连接的方法，把"墨滴"图层和"背景"图层进行父子连接，如图7-129所示。

图7-129 建立父子连接

35 导入"文字"素材文件并调节其在镜头中的位置，如图7-130所示。

图7-130 添加素材2

36 用同样的方法将"文字"图层和"背景"图层进行父子连接，如图7-131所示。

图7-131 建立父子连接

37 导入"镜头3",并拖入时间线窗口,把"镜头3"的起始位置设置到0:00:04:10处,并添加一个"Opacity(透明度)"关键帧,数值为"0",如图7-132所示。

图7-132 导入文件并设置关键帧

38 继续设置动画如图7-133所示。

Time（时间）	Opacity（透明度）
0:00:05:04	90

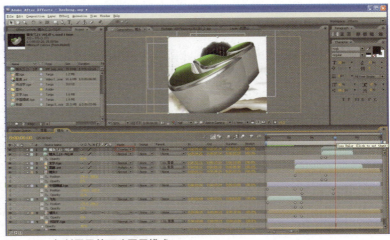

图7-133 记录动画关键帧

39 复制一个"镜头3"图层并设置图层模式为"Overlay(叠加)",如图7-134所示。

图7-134 复制图层并更改图层模式

40 为"镜头3"图层添加一个遮罩并修改遮罩的"Mask Feather (遮罩羽化)"数值为"88",如图7-135所示。

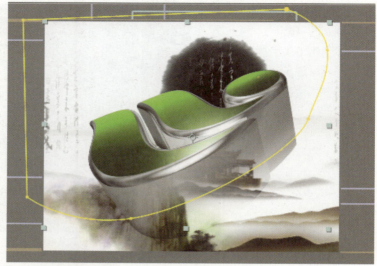

图7-135 设置羽化参数

41 选择"墨滴"图层设置关键帧,如图7-136所示。

图层名称	Time (时间)	Opacity (透明度)
墨滴	0:00: 06:17	100
	0:00: 07:15	0

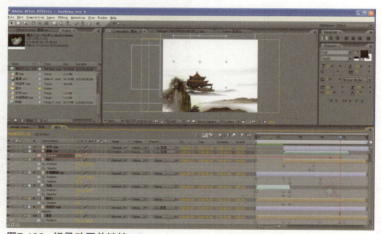

图7-136 记录动画关键帧

42 再次将"书法字"文件拖入时间线窗口,调整其在镜头中的位置和透明度,如图7-137所示。

图7-137 导入文件1

43 单击"Parent"的图层
按钮，选择"背景"选项，如
图7-138所示。

注意　和建立父子连接是一
样的，只是操作方式
不一样。

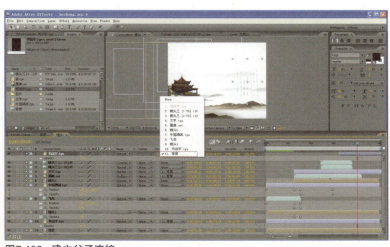

图7-138　建立父子连接

44 把"LOGO"文件拖入时
间线窗口，如图7-139所示。

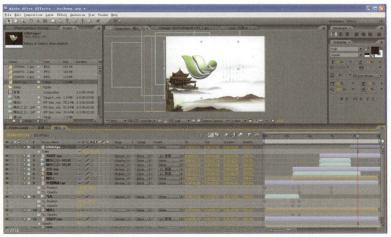

图7-139　导入文件2

45 把"LOGO"图层与"背
景"图层进行父子连接，如图
7-140所示。

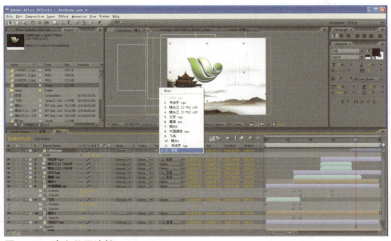

图7-140　建立父子连接

46 复制两层"LOGO"图层,并分别调整文件模式和透明度,使标识显得更加透亮,效果如图7-141所示。

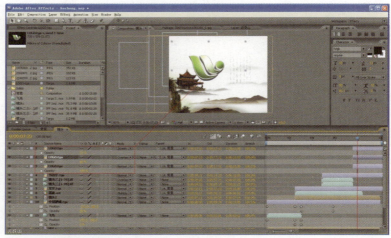
图7-141　复制图层并设置参数

47 将三个"LOGO"图层进行合并,如图7-142所示。

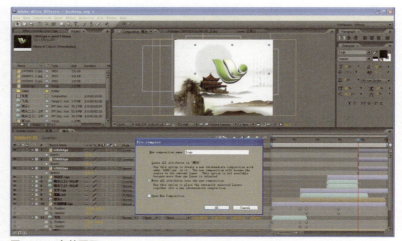
图7-142　合并图层

48 再次导入"墨滴"素材文件,并拖入时间线窗口放在"LOGO"图层的正上方。右键单击图层执行"Time(时间)>Time Stretch(时间拉伸)"命令,如图7-143所示。

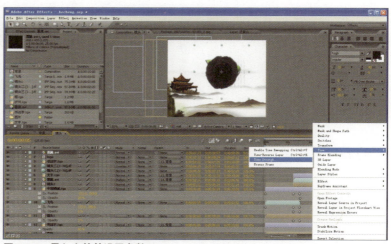
图7-143　导入文件并设置参数

49 执行命令后, 在弹出的对话框中把"Strecth Factor（伸展因子）"参数值改为"50", 如图7-144所示。

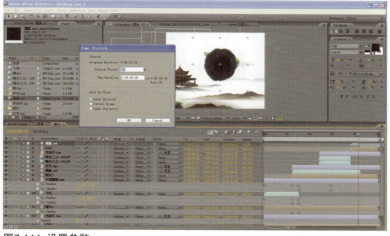

图7-144 设置参数

50 取消显示"墨滴"图层, 在"LOGO"图层的"Track Matte（轨道蒙版）"下选择"Alpha Matte '墨滴.avi'"选项, 把"墨滴"图层作为"LOGO"图层的Alpha遮罩, 如图7-145所示。

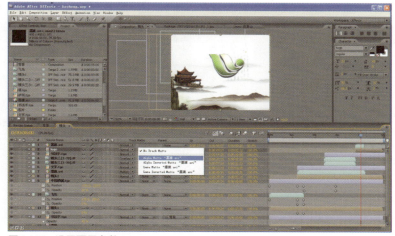

图7-145 设置图层参数

51 拖动时间窗口指针观看效果, 如图7-146所示。

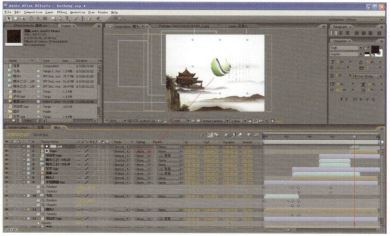

图7-146 预览效果

52 再次在时间线窗口中拖入"墨滴"素材文件，放到"LOGO"图层下，如图7-147所示。

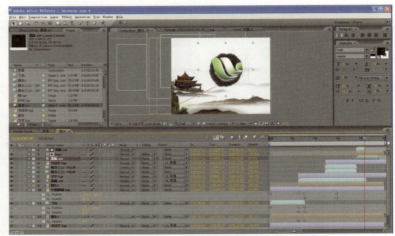

图7-147　导入文件

53 在0：00：08：01处设置"墨滴"图层的"Opacity（透明度）"关键帧，如图7-148所示。

图7-148　记录动画关键帧

54 在0：00：08：16处再次为"墨滴"图层增加一个"Opacity（透明度）"关键帧，参数设置为"0"，如图7-149所示。

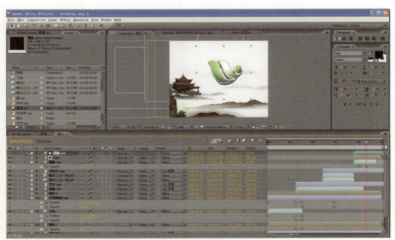

图7-149　记录动画关键帧

55 复制"LOGO"图层,设置动画。把两个"墨滴"图层和两个"LOGO"图层和"背景"图层进行父子连接,如图7-150所示。

图层名称	Time (时间)	Opacity (透明度)
LOGO	0:00: 08:11	0
	0:00: 08:16	100

图7-150 记录动画关键帧并建立父子连接

56 导入"泸州"素材文件,并在工具栏中选择文字工具输入"电视台"和"LU ZHOU DIAN SHI TAI"文字,如图7-151所示。

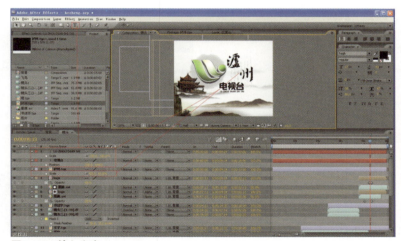

图7-151 输入文字

57 接下来开始制作烟雾字。按[Ctrl+N]组合键新建一个"Comp",命名为"烟雾字",参数设置如图7-152所示。

图7-152 新建合成并设置参数

58 设置完成后,导入"泸州"素材文件,执行"Com position（合成）>Back ground Color（背景颜色）"命令,如图7-153所示。

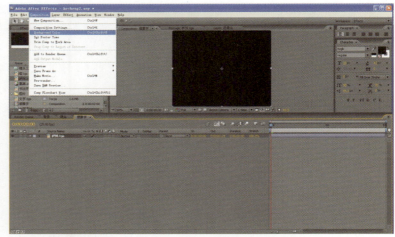

图7-153　执行命令

59 在弹出的对话框中,选择背景颜色为白色,如图7-154所示。

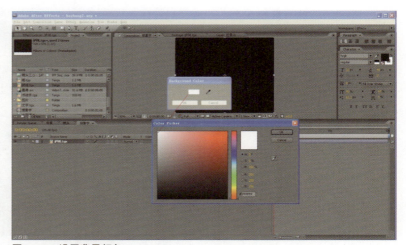

图7-154　设置背景颜色

60 新建一个"Comp"命为"躁波1",设置参数如图7-155所示。

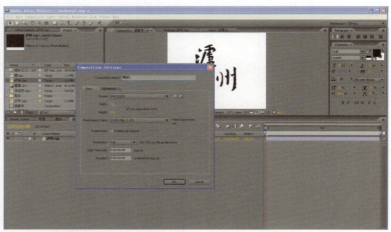

图7-155　新建合成并设置参数

61 在"躁波1"合成里按[Ctrl+Y]组合键新建一个固态层，如图7-156所示。

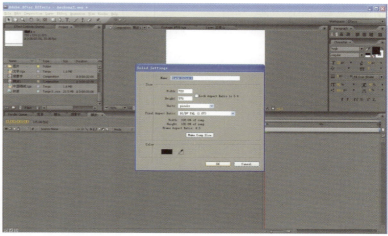

图7-156　新建固态层

62 为固态层添加"Noise &Grain（噪波颗粒）>Fractal Noise（分形噪波）"特效，如图7-157所示。

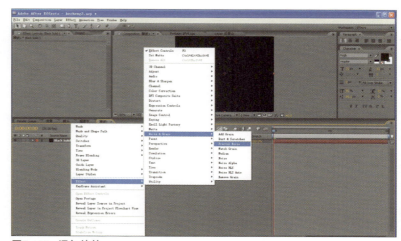

图7-157　添加特效

63 为固态层设置动画如图7-158所示。

Time（时间）	Evolution（演变）
0：00：00：00	0
0：00：02：00	2

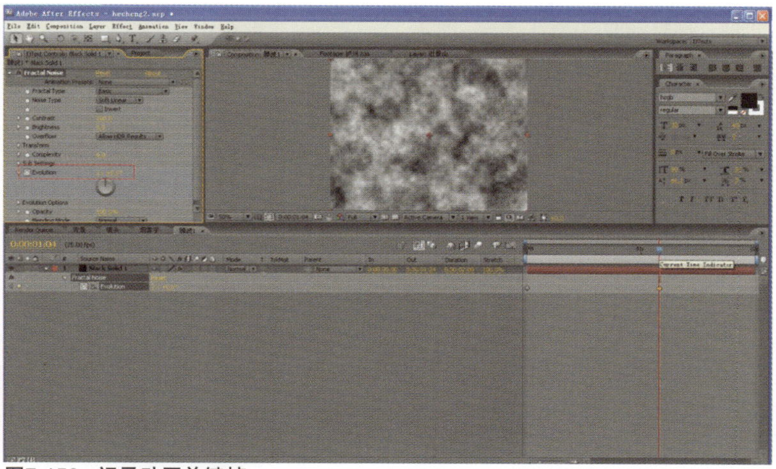

图7-158　记录动画关键帧

64 继续为图层添加特效"Levels（色阶）"，参数设置如图7-159所示。

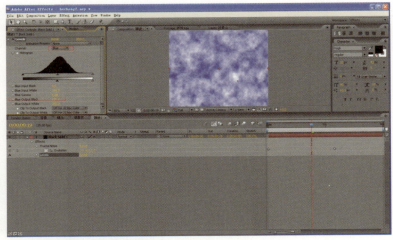

图7-159　添加特效并设置参数

65 为固态层添加一个矩形遮罩，并在0：00：00：00处添加一个"Mask Path（遮罩路径）"关键帧，如图7-160所示。

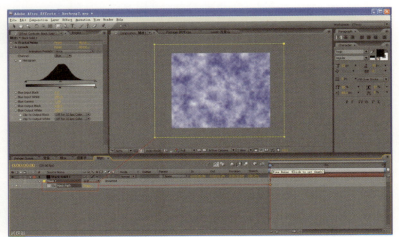

图7-160　添加遮罩并记录关键帧

66 在0：00：01：11处再次添加一个遮罩的关键帧，遮罩形态如图7-161所示。

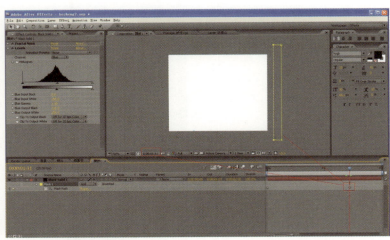

图7-161　记录动画关键帧

67 设置遮罩的"Mask Fa-ther（遮罩羽化）"为"100"，效果如图7-162所示。

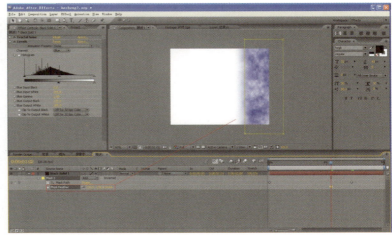

图7-162　羽化效果

68 再新建一个合成，命名为"躁波2"，和"躁波1"一样，新建一个固态层，为其添加"Noise&Grain（噪波颗粒）""文件夹中的"Fractal Noise（分形噪波）"、"Levels（色阶）"以及"curves（曲线）"特效，如图7-163所示。

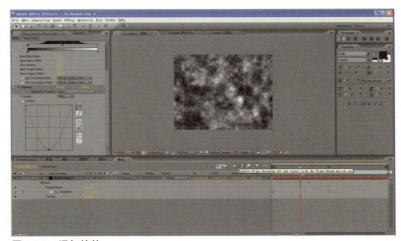

图7-163　添加特效

69 按照同样的方法再画一个遮罩，分别在0：00：00：00和0：00：01：00处分别添加"Mask Path（遮罩路径）"的关键帧，如图7-164所示。

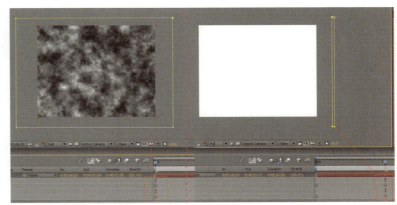

图7-164　记录动画关键帧

70 把"躁波1"和"躁波2"导入"烟雾字"合成里,如图7-165所示。

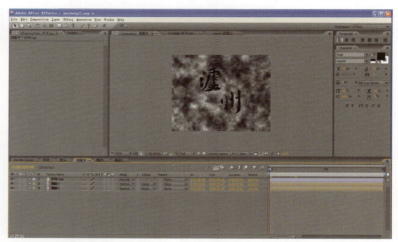

图7-165 导入合成文件

71 取消显示两个"躁波"图层,并为"泸州"图层添加特效"Blur&Sharpen(模糊和锐化)>Compound Blur(混合模糊)"特效,如图7-166所示。

图7-166 添加特效

72 设置"Compound Blur(混合模糊)"的数值为"150",如图7-167所示。

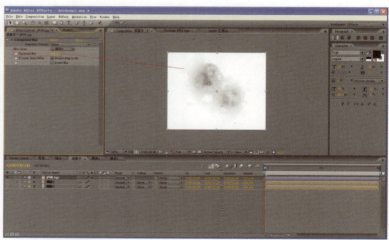

图7-167 设置参数1

73 设置Blur Layer 为"躁波1",效果如图7-168所示。

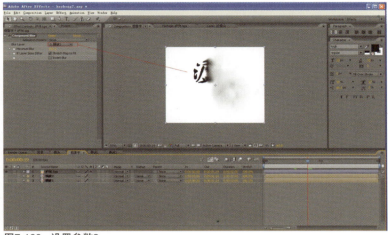

图7-168 设置参数2

74 为"泸州"图层添加特效"Distort(扭曲)>Displacement Map(置换贴图)",如图7-169所示。

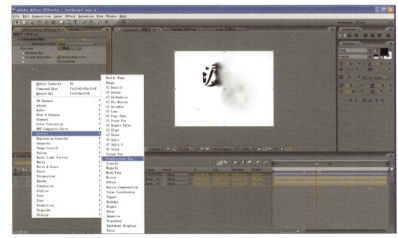

图7-169 添加特效

75 设置Displacement Map Layer为"躁波2",Max Horizontal Displace为"127",Max Vertical Displacem为"-100",如图7-170所示。

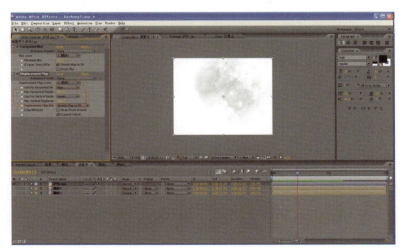

图7-170 设置参数

76 把"烟雾字"文件拖到"镜头"合成里并调整其位置，如图7-171所示。

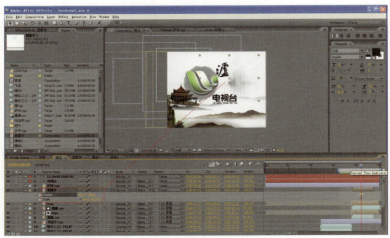

图7-171　导入文件

77 选择"烟雾字"图层，为其制作一个透明度淡入的动画，并为图层画一个遮罩，羽化值为"51"，如图7-172所示。

Time（时间）	Blurriness（模糊）
0：00：01：02	17.3
0：00：01：14	0

图7-172　制作动画

78 选择"电视台"和"拼音"图层，按[Ctrl+Shift+C]组合键将其合并，命名为"电视台"，如图7-173所示。

图7-173　合并图层

79 选择矩形工具，为"电视台"图层添加一个遮罩，并在0：00：08：24处添加一个"Mask Path（遮罩路径）"关键帧，Mask形态如图7-174所示。

图7-174 添加遮罩并记录动画关键帧

80 在0：00：08：03处，调整"电视台"图层的遮罩形状如图7-175所示。

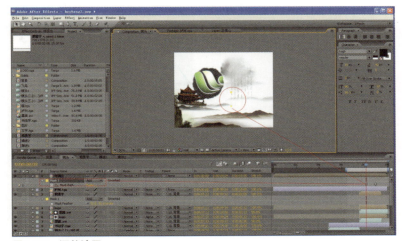

图7-175 调整遮罩

81 执行"Layer（图层）>New（新建）>Adjustment Layer（调节层）"命令，对整体进行调节，如图7-176所示。

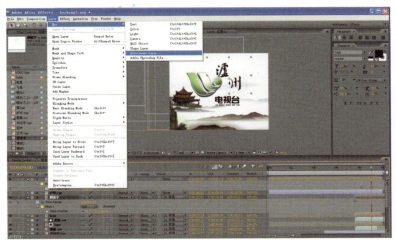

图7-176 添加调节层

82 选择新建的调节层为其添加特效"Levels（色阶）"，参数设置如图7-177所示。

图7-177 设置参数

83 按[Ctrl+M]组合键渲染输出，如图7-178所示。

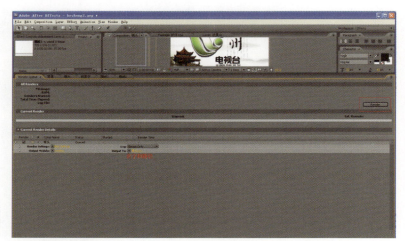

图7-178 渲染输出

Maya 常用快捷键一览表

视图操作

旋转视图	Alt+鼠标左键
移动视图	Alt+鼠标中键
缩放视图	Alt+鼠标右键
框选放大\缩小视图	Alt+Ctrl+鼠标右键
快速切换单一视图和多视图模式	空格键

模块选择

显示动画菜单	F2
显示建模菜单	F3
显示动力学菜单	F4
显示渲染菜单	F5

对象选择

切换物体/成分编辑模式	F8
选择多边形顶点	F9
选择多边形的边	F10
选择多边形的面	F11
选择多边形的UVs	F12

显示模式

低质量显示	1
中等质量显示	2
高质量显示	3
网格显示模式	4
实体显示模式	5
实体和材质显示模式	6
灯光显示模式	7

常用工具

上次使用的工具	q
移动工具	w
旋转工具	e
缩放工具 操纵杆操作	r
显示操作杆工具	t
非固定排布工具	y `

其他常用操作

设置显示质量（弹出式标记菜单）	d
重复（刚才的操作）	g
吸附到曲线（按住/释放）	c
吸附到点（按住/释放）	v
修改雕刻笔参考值	o
制定父子关系	Shift +p
取消被选物体的父子关系	p
在所有视图中满屏显示所有对象	Shift +A
满屏显示所有物体（在激活的视图）	a
在所有视图中满屏显示被选目标	Shift+ F
满屏显示被选目标	f
重做（刚才的操作）	Shift +z
取消（刚才的操作）	z
设置关键帧	s
为旋转通道设置关键帧	Shift +e
为转换通道设置关键帧	Shift + w
为缩放通道设置关键帧	Shift +r
显示隐藏的对象	Shift +h
进到当前层级的上一层级	↑
退到当前层级的下一层级	↓
进到当前层级的左侧层级	←
进到当前层级的右侧层级	→
重做视图的改变	]
撤销视图的改变	[
弹出属性编辑窗/显示通道栏	Ctrl+ a
复制	Ctrl+ d
组成群组	Ctrl +g
隐藏所选对象	Ctrl +h
完成当前操作	Enter
终止当前操作	Esc
弹出快捷菜单（按住）	空格键
隐藏快捷菜单（释放）	空格键
增大操纵杆显示尺寸	+
减少操纵杆显示尺寸	–

After Effects 常用快捷键一览表

项目窗口

新建项目	Ctrl+Alt+N
打开项目	Ctrl+O
打开项目时只打开项目窗口	按住Shift键
打开上次打开的项目	Ctrl+Alt+Shift+P
保存项目	Ctrl+S
选择上一子项	上箭头
选择下一子项	下箭头
打开选择的素材或合成图像	双击
在AE素材窗口中打开影片	Alt+双击
激活最近激活的合成图像	\
增加选择的子项到最近激活的合成图像中	Ctrl+/
显示所选的合成图像的设置	Ctrl+K
增加所选的合成图像的渲染队列窗口	Ctrl+Shift+/
引入一个素材文件	Ctrl+i
引入多个素材文件	Ctrl+Alt+i
替换选择层的源素材或合成图像	Alt+从项目窗口拖动素材到合成图像
替换素材文件	Ctrl+H
设置解释素材选项	Ctrl+Alt+G
重新调入素材	Ctrl+Alt+L
新建文件夹	Ctrl+Alt+Shift+N
记录素材解释方法	Ctrl+Alt+C
应用素材解释方法	Ctrl+Alt+V
设置代理文件	Ctrl+Alt+P
退出	Ctrl+Q

合成图像、层和素材窗口

显示/隐藏网格	Ctrl+'
显示/隐藏对称网格	Alt+'
动态修改窗口	Alt+拖动属性控制
暂停修改窗口	大写键
显示通道（RGBA）	Alt+1，2，3，4
带颜色显示通道（RGBA）	Alt+Shift+1，2，3，4

显示窗口和面板

项目窗口	Ctrl+0
渲染队列窗口	Ctrl+Alt+0
工具箱	Ctrl+1
信息面板	Ctrl+2
时间控制面板	Ctrl+3
音频面板	Ctrl+4
新合成图像	Ctrl+N
关闭激活的标签/窗口	Ctrl+W
关闭激活窗口（所有标签）	Ctrl+Shift+W
关闭激活窗口（除项目窗口）	Ctrl+Alt+W

Timeline窗口中的移动

到工作区开始	Home
到工作区结束	Shift+End
到前一可见关键帧	J
到后一可见关键帧	K
到合成图像时间标记	主键盘上的0~9

合成图像、Timeline、素材和层窗口中的移动

到开始处	Home
到结束处	End
向前一帧	Page Down
向前十帧	Shift+Page Down
向后一帧	Page Up
向后十帧	Shift+Page Up
到层的入点	i
到层的出点	o
逼近子项到关键帧、时间标记、入点和出点	Shift+拖动子项

合成图像和Timeline窗口中的层操作

放在最前面	Ctrl+Shift+]
放在最后面	Ctrl+Shift+ [
选择下一层	Ctrl+下箭头
选择上一层	Ctrl+上箭头